物理定数表

重力の加速度（標準値）	$g = 9.806\,65\ \text{m/s}^2$
万有引力定数（重力定数）	$G = 6.674\,30(15) \times 10^{-11}\ \text{N·m}^2/\text{kg}^2$
地球の質量	$M_\text{E} = 5.972\,2(6) \times 10^{24}\ \text{kg}$
地球の赤道半径	$R_\text{E} = 6.378\,137 \times 10^6\ \text{m}$
地球・太陽間の平均距離	$r_\text{E} = 1.496 \times 10^{11}\ \text{m}$
太陽の質量	$M_\text{S} = 1.988\,4(2) \times 10^{30}\ \text{kg}$
太陽の半径	$R_\text{S} = 6.960 \times 10^8\ \text{m}$
月の軌道の長半径	$r_\text{M} = 3.844 \times 10^8\ \text{m}$
月の公転周期	27.32 日

1 気圧（定義値）	$p_0 = 1.013\,25 \times 10^5\ \text{N/m}^2 = 760\ \text{mmHg}$
熱の仕事当量（定義値）	$J = 4.186\,05\ \text{J/cal}$
アヴォガドロ定数（定義値）	$N_\text{A} = 6.022\,140\,76 \times 10^{23}/\text{mol}$
ボルツマン定数（定義値）	$k_\text{B} = 1.380\,649 \times 10^{-23}\ \text{J/K}$
気体定数	$R = N_\text{A} k_\text{B} = 8.314\,462\,618\cdots\ \text{J/(K·mol)}$
理想気体 1 mol の体積 （0 ℃，1 気圧）	$V_0 = 2.241\,396\,954\cdots \times 10^{-2}\ \text{m}^3/\text{mol}$
真空中の光速（定義値）	$c = 2.997\,924\,58 \times 10^8\ \text{m/s}$
真空の誘電率（電気定数）	$\varepsilon_0 = 8.854\,187\,812\,8(13) \times 10^{-12}\ \text{F/m}\ (\approx 10^7/4\pi c^2)$
真空の透磁率（磁気定数）	$\mu_0 = 1.256\,637\,062\,12(19) \times 10^{-6}\ \text{N/A}^2\ (\approx 4\pi/10^7)$
クーロンの法則の定数 （真空中）	$k_0 = 1/4\pi\varepsilon_0 = 8.987\,551\,79\cdots \times 10^9\ \text{N·m}^2/\text{C}^2\ (\approx c^2/10^7)$
プランク定数（定義値）	$h = 6.626\,070\,15 \times 10^{-34}\ \text{J·s}$
電気素量（定義値）	$e = 1.602\,176\,634 \times 10^{-19}\ \text{C}$
ファラデー定数	$F = N_\text{A} e = 9.648\,533\,212\cdots \times 10^4\ \text{C/mol}$
電子の比電荷	$e/m_\text{e} = 1.758\,820\,011\cdots \times 10^{11}\ \text{C/kg}$
ボーア半径	$a_\text{B} = 5.291\,772\,109\,03(80) \times 10^{-11}\ \text{m}$
リュードベリ定数	$R_\infty = 1.097\,373\,156\,816\,0(21) \times 10^7/\text{m}$
ボーア磁子	$\mu_\text{B} = 9.274\,010\,078\,3(28) \times 10^{-24}\ \text{J/T}$
電子の静止質量	$m_\text{e} = 9.109\,383\,701\,5(28) \times 10^{-31}\ \text{kg} = 0.510\,998\,950\cdots\ \text{MeV}/c^2$
陽子の静止質量	$m_\text{p} = 1.672\,621\,923\,69(51) \times 10^{-27}\ \text{kg} = 938.272\,088\cdots\ \text{MeV}/c^2$
中性子の静止質量	$m_\text{n} = 1.674\,927\,498\,04(95) \times 10^{-27}\ \text{kg} = 939.565\,421\cdots\ \text{MeV}/c^2$
電子ボルト（定義値）	$1\ \text{eV} = 1.602\,176\,634 \times 10^{-19}\ \text{J}$
質量とエネルギー	$1\ \text{kg} = 5.609\,588\,604\cdots \times 10^{35}\ \text{eV}/c^2$
統一原子質量単位（定義値）	$1\ \text{u} = 1.660\,539\,066\,60(50) \times 10^{-27}\ \text{kg} = 931.494\,102\cdots\ \text{MeV}/c^2$

基礎工学実験

大同大学 物理学教室・化学教室 編

学術図書出版社

本書の使い方

　本書は大同大学の基礎工学実験用に書かれたものである．基礎工学実験は物理学部門と化学部門からなり，それぞれ，5 テーマ，合計 10 テーマの実験を行う．本書の内容も，物理学実験編と化学実験編に分かれている．学生諸君は，授業時に物理学実験に配属されたときには物理学実験編を，化学実験に配属されたときには化学実験編を，読んでほしい．また，物理学実験，化学実験それぞれには独自の注意事項があるので，該当箇所をよく読んで実験に望んでほしい．

　基礎工学実験の目的は，専門の実験へ進むための基礎を修得することである．基礎工学実験では，その基礎を物理学実験と化学実験を通じて学ぶ．

　物理学実験では，物理学関係の科目の実験的基礎を明らかにすると同時に，測定器具の取り扱い，および測定の方法，そして得られた測定値の処理の方法などを学ぶことを目的とする．

　化学実験では，物質の変化（化学反応）の本質を実験を通して理解することを主な目的とする．種々の実験器具の構造，仕組みを理解し，基本的な使用の方法を学ぶ．また，化学薬品の安全な取り扱い方法を修得することも重要である．

　学生諸君は，本書をよく読み，実際に実験を体験することで，実験に関する基礎知識を学び，将来の専門分野につながる第一歩となるように心がけてほしい．

目　　次

物理学実験編

Ｉ．　受講するにあたっての諸注意

　以下の諸注意を必ず守って実験を行ってください．守れない場合は，途中でも退室させる場合があります（そのときは，欠席となります）．

〈実験室・準備室で〉

1.　実験室内での喫煙・飲食は禁止です．この実験棟は館内全域で禁煙です．喫煙する場合は，指示に従い必ず決められた喫煙場所でのみ行ってください．
2.　雨天の際，濡れたカサを実験室内に持ちこまないこと（入口近くのカサ立てに置くこと）．
3.　各自の荷物は，実験室の入り口を入って右の棚に入れるか，実験机の下に置く．危険なので通路には置かないこと．貴重品などは自分の責任で管理すること（盗難などの責任は負いません）．
4.　机に落書きなどをしたり，実験器具などで遊んだり，ふざけたりしない．
5.　携帯電話・スマートホンは，実験室入室の際に，音が出ない状態にしておく．

〈実験の開始から終了まで〉

1.　ガイダンス終了後，実験室前廊下の掲示板に貼り出される「班分け表」で自分の班を確認して帰る．（ガイダンス当日に班分けを行うので，ガイダンスは極力休まないように．もし休んだ場合には，次週の実験開始の15分前までに，物理準備室Ｄ0309にくること．）
2.　実験当日までに，各自の班分けに従い，実験テーマを確認しておく．また，教科書を読んで，目的，機器の取り扱い，測定方法などを予習しておく．
3.　実験室へは**授業開始の10分前から入室できます**．授業開始時刻から実験を開始するので遅れないように（授業開始時刻から15分後は入室を認めません）．実験室前で待機しているときは，近隣研究室の教員の迷惑とならないように静かにしていること．
4.　実験室に入ったら，当日行う実験テーマの決められた机の前に着席し，教科書や備え付けの説明シートを読みながら待つ．教員，ティーチング・アシスタント（以下Ｔ・Ａと略す）の説明を聞いてから実験を始めること．勝手にやらない．
5.　各班に1枚ずつ記録用紙を配布します．それに記録，計算，結果などを記入する．
6.　関数電卓を各自持ってくる．貸し出し用の電卓は6台しかありません．もし借りる場合は，準備室にある貸し出しノートに，必要事項を記入すること．実験終了後は，もとあった場所に返し，貸し出しノートに返却欄にチェックすること．
　　持ち帰らないように注意する．

関数電卓は，工学部の学生にとって必須アイテムです．日頃から携帯するように心がけよう．

7. 実験の準備が整ったら，T・Aの確認を必ず受ける．とくに電気の配線を必要とする実験は，確認を受ける前に，勝手に電源を入れないこと．感電事故を起こさないために，濡れた手で電気器具に触れない．また電気器具に水をかけないように注意する．

8. 実験はT・Aの指示に従ってすすめる．

9. 実験は2人1組（または3人1組）で行うが，1人にやらせて見ているだけにならないように．また，居眠り，おしゃべり，そのほか実験に関係ないことをしているとみなした場合には，実験室から退室させます．

10. 測定および計算結果を出したら，まずT・Aの確認を受ける．不十分な結果の場合は，実験をやり直すこともある．次に，物理準備室の担当教員に見せて，確認と指導を受ける．その時点で，担当教員が出席をチェックする．測定結果が出たからといって，勝手に帰らない（欠席扱いとなる）．

11. 実験が終了したら，使用した器具などの後片付けをきちんとして，すみやかに退室する．実験室に残っていて，他の班の邪魔をしない．

〈実験レポートの作成と提出について〉

1. レポートは，指定の用紙を使用して作成する．実験時の記録用紙，グラフをもとにしてレポートを作成する．グラフを書くように指示されている実験は，グラフをレポート用紙にホッチキスなどでとめて提出する．レポートやグラフは鉛筆書きでかまわないが，手書きで丁寧に書くこと．実験中に記入した記録用紙や作成したグラフを，コピーして提出することは禁止．

2. 提出者本人の名前を必ず一番上に書くこと．実験日，実験題名なども必ず記入する．実験日の気温，気圧，湿度は実験室入口近くの計器で確認して記入する．

3. 各項目については，「II．レポートの書き方」を参考にして適切な内容を書く．とくに「記録，計算，結果」では，有効数字の桁数に十分注意する．また「考察」は感想文にならないように気をつける．教科書などの文献を参考にする場合でも，そのまま写すのではなく，よく理解してまとめることが望ましい．

4. 作成したレポートは，**指定された締切りまでにD 0306室前の廊下にあるレポート提出ボックスの決められた位置に提出**する．

5. 提出されたレポートに不備な点があれば，再提出になる場合がある．

6. 「ファースト・イヤー・セミナ」で学んだことを思い出し，誰が読んでもわかるような，意味が伝わる文章を書くように心がける．

〈その他〉

1. 毎回の持ち物は，**グラフ用紙（A4サイズの1mm方眼紙），定規，関数電卓，教科**

書です.

2. 基礎工学実験は，**物理学実験と化学実験の両方に合格し，総合演習を受けなければ，単位が認定されません**．物理学実験は，5テーマすべての実験を行い，そのレポートをすべて提出（再提出も含む）し，「基礎技術演習」を受けなければ，合格しません．もし，やむをえず休まなければならない場合は，前もって担当教員または物理準備室 D 0309 まで連絡すること．補講は，「基礎技術演習」または「総合演習」終了後に引き続いて行います．補講は原則 1 回しか行いません．やむをえない場合をのぞいて欠席しないようにしましょう．

II. レポートの書き方

　レポート（報告書）は所定の用紙（教科書に綴じ込まれている）を使用し，1つの実験終了後，次回の実験日に提出する．記入事項は，

第1頁　　実験題目，提出者の番号・氏名，協力者の番号・氏名

　　　　　日時，天候，気温，気圧，湿度など

　　　　　目的

　　　　　実験器具

　　　　　原理および実験方法……このページに入るように手短かに書く．レポートを読む者が実験を再現できるように，必要かつ最小限の情報を与えるつもりで書く．

　　　　　　（原理）　ほとんどのテーマは5ページで述べる間接測定であるので，目的とする物理量（たとえば重力加速度）を，どのようにして計算によって求めるのか，式を使って説明する．

　　　　　　（実験方法）　目的の量を計算によって求めるときに必要となる量（長さ，周期など）を，どのように測定するのか．図なども用いて簡潔に書く．装置の使用方法を詳しく説明する必要はない．

第2，3頁　測定記録，計算，結果……これらは各実験テーマごとに測定例があるのでその様式にならって記入する．ただし，測定例の数値には，普遍定数を除いて，こだわる必要はない．グラフが必要なときは，ここにホッチキスで添付する．

第4頁　　考察……ここでは，実験の目的を念頭に置いた上で，実験の意義，測定において特に注意を払ったり苦心した点，得られた結果が使用した装置からみて満足なものかどうか，また後で述べる誤差論と照し合せて，その結果がどのくらい信頼できるものか，など気がついたことを明確に書く．

　　　　　演習問題……実験と重要な関係があるので必ず行う．

　　　　　参考文献……特に演習をまとめる際に参考にした文献をあげる．

　　　　　　　　書名，編著者，出版社，出版年

　報告書の内容が不十分なときは返却して再提出を求めることがある．

III. 測定値とその取り扱い方

1. 直接測定と間接測定

　測定は次のような 2 つの種類に分けられる．測ろうとする量を直接測定機器と比較してその値を求めるとき，これを**直接測定**とよぶ．これに対して，測りたい量と一定の関係にあるいくつかの量を測定し，計算によってその量の値を求めるとき，これを**間接測定**とよぶ．たとえば，棒の長さを物差しによって測るのは直接測定であり，振り子の糸の長さや振れの周期その他の量を測って，それから計算によって重力加速度を求めるのは間接測定である．またある量 y が量 x の関数になっているとき，グラフから所定の値を読み取り，それから求める量を計算するのも間接測定である．物理量の測定は，ほとんどが間接測定であるが，個々の量を測るのは直接測定である．したがって，まず直接測定について基本的事項を述べ，次にそれらが間接測定にどのように影響するかを述べることにする．

2. 有 効 数 字

　有効数字とは，測定値として意味のある数字のことで，通常最後の 1 桁に誤差を含んだ数字までをとる（正式には最後の 2 桁に 2 桁の誤差を含むようにとる[1])．そしてこのように意味のある数字の桁数を**有効数字の桁数**とよび，実験の精度を示すために極めて重要なものである．この有効数字の桁数を決めるためには，どの桁から誤差が入ってくるかを知らねばならないが，これについては以下で順を追って説明していく．また間接測定において，結果を得るための有効数字を考慮した計算については，後にくわしく示すことにする．

3. 測定値の読み取り方

　測定とは，測定しようとする物理量の大きさと，その物理量の基準となる大きさとを比較することである．たとえば，物体の長さの測定はその長さと物差しの目盛りとを比較し，値を読み取ることである．しかしほとんどの場合，測定しようとする量がちょうどその目盛と一致することはまずありえない．**このとき最小目盛の 1/10 までの目測で読み取ることが原則である**．

---

1)　基礎物理定数の値も測定によるものである．たとえば，万有引力定数 G は
$$6.67259(85) \times 10^{-11} \, \mathrm{N \, m^2/kg^2}$$
　と書いてある．かっこ内の数値は最後の 2 桁に対する誤差で
$$(6.67259 \pm 0.00085) \times 10^{-11} \, \mathrm{N \, m^2/kg^2}$$
　とするところを簡単に書いたものである．この場合，有効数字は 6 桁である．

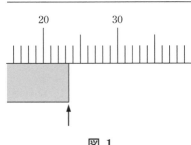

図 1

たとえば，図1の矢印の位置は23と24の間にあるが，目測で23.4と読むべきである．このとき，読み取りには0.1程度の不確かさがあると考えられる．したがって，この場合，有効数字3桁で，読み取りの誤差は±0.1である．最小目盛りが細かく，$\frac{1}{10}$まで読めないときは，その$\frac{1}{2}$まで読み，上の例では23.5と読む．ただし，この場合も有効数字は3桁であるが，読み取り誤差は±0.5となる．

最小目盛りの間の読み取りの精度を上げるのに**副尺**を用いる方法がある．最も簡単なものは，主尺の9目盛りを10等分した副尺である（図2(a)）．副尺の1目盛りは主尺から見て$\frac{9}{10}$であるから，主尺と副尺の1目盛りの差は$1-\frac{9}{10}=\frac{1}{10}$である．いま実際に測定して副尺の0の目盛りが，主尺の23と24の間にあり，**主尺と副尺の目盛りが一致に近いところ**は副尺の4であったとする（図2(b)）．このとき物体の長さは，

$$23+\frac{1}{10}\times4=23.4$$

となる．しかし，この副尺では前の目測で読んだ値と有効数字は同じ3桁であり，読み取り誤差も±0.1である．

有効数字を1桁上げるため，図3(a)のような副尺を用いる．これは主尺の39目盛りを20等分したものである．副尺の1目盛は主尺からみて$\frac{39}{20}$であり，主尺の2目盛りと

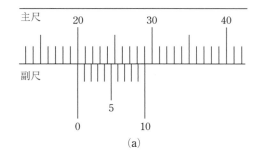

(a)

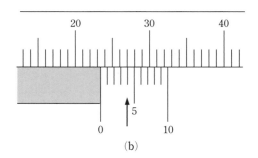

(b)

図 2

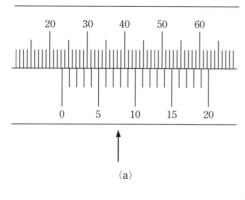

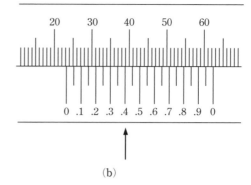

図 3

副尺の1目盛りとの差は $2-\dfrac{39}{20}=0.05$ である．いま副尺の0が主尺の23と24の間にあり，両目盛が一致したところは副尺の8である．このとき測定値は

$$23+0.05\times8=23.40$$

となる．このときの有効数字は4桁で，読み取り誤差は±0.05としてよい．

　実際に使われているノギス（キャリパー）では，副尺に図3（b）のような数値が目盛ってあり，直接

$$23+0.40=23.40$$

と読めるようになっている．

　ここで前にえられた23.4といま読んだ23.40とは数字的に同じ数値であるが，これらが測定値となれば意味が違ってくる．23.4は有効数字3桁で，最後の桁の4は3であることも5であることもありうる．他方，23.40は有効数字4桁で，最後の2桁の40が35または45であることもあって，その不確定さの範囲は狭まっている．

　有効数字の桁数をはっきりさせるために，たとえば左辺の数値を右辺のように

$$0.0234=2.34\times10^{-2}$$
$$0.2340=2.340\times10^{-1}$$

と書く．2行目の**数値の最後の0は有効数字**が4桁であること**を示すため，必ず付けておかなければならない**．

4．測定値の計算

　間接測定においては，いろいろな量の測定値を用いて計算を行う．このとき有効数字の桁数に十分注意をして計算しなければならない．以下で測定値を用いた加減乗除における有効数字の取り扱いを説明する．網かけの数字は誤差を含むものとする．

（1） 加　　法

（a）
$$\begin{array}{r} 2.34 \\ +)\ 4.268 \\ \hline 6.608 \end{array}$$

$$2.34+4.268=6.6\overset{1}{0}\cancel{8}$$

$\dfrac{1}{100}$ の位と $\dfrac{1}{1000}$ の位までが有効数字である 2 つの数を加えた結果は，$\dfrac{1}{1000}$ の位を 4 捨 5 入して $\dfrac{1}{100}$ の位までを求め，有効数字 3 桁とする．

（b）
$$\begin{array}{r} 2.34 \\ +)\ 42.68 \\ \hline 45.02 \end{array}$$

$$2.34+42.68=45.02$$

有効数字 3 桁と 4 桁の数を加えたが，$\dfrac{1}{100}$ の位まで求め，結果は有効数字 4 桁となる．ただし，この場合，誤差は累積される．

（c）
$$\begin{array}{r} 2.34 \\ +)\ 8.24 \\ \hline 10.58 \end{array}$$

$$2.34+8.24=10.58$$

有効数字 3 桁の数どうしを加えたが，結果は有効数字 4 桁となる．これは加える数のはじめの 2 と 8 の和が 2 桁の 10 となるからである．

　加法の場合，**加える数の有効数字の最後の桁の位が大きい方まで**が，結果の数の有効数字となる．この場合，有効数字の桁数が増えることもある．

（2） 減　　法

（a）
$$\begin{array}{r} 4.268 \\ -)\ 2.34 \\ \hline 1.928 \end{array}$$

$$4.268-2.34=1.9\overset{3}{2}\cancel{8}$$

$\dfrac{1}{1000}$ の位と $\dfrac{1}{100}$ の位までが有効数字である 2 つの数の減法の結果は，$\dfrac{1}{1000}$ の位を 4 捨 5 入して $\dfrac{1}{100}$ の位までを求め，有効数字 3 桁の数となる．

（b）
$$\begin{array}{r} 42.68 \\ -)\ 2.34 \\ \hline 40.34 \end{array}$$

$$42.68-2.34=40.34$$

有効数字 4 桁と 3 桁の数の減法であるが，$\dfrac{1}{100}$ の位まで求め，この場合結果の有効数字は 4 桁となる．

（c）
$$\begin{array}{r} 4.568 \\ -)\ 4.175 \\ \hline 0.393 \end{array}$$

$$4.568-4.175=0.393$$

有効数字 4 桁の数どうしの減法であるが，結果は有効数字 3 桁となって，1 桁減ることになる．

　減法の場合も，**引く数と引かれる数の有効数字の最後の桁の位が大きい方まで**が，結果の有効数字となる．この場合有効数字の桁数が減ることもある．

（3） 乗　　法

```
   4.268
×)  2.34
  17072
 1 2804
 8 536
 9.98712
```

$$4.268 \times 2.34 = 9.98712$$

有効数字4桁と3桁の数の乗法の結果は，乗じる数の有効数字の少ない方の3桁となる．

以上のように乗法の場合，**乗ずる数の有効数字の少ない方の桁数**が，結果の有効数字の桁数となる．

（4） 除　　法

```
          1.823
2.34 )  4.268
        2 34
        1 928
        1 872
          560
          468
          920
          702
          218
```

$$4.268 \div 2.34 = 1.823$$

有効数字4桁の数を3桁の数で割る場合，結果として現れる数の3桁目の2は3のこともあり1のこともあり，この桁から誤差が入ってくる．したがって，除法の結果は割る数と割られる数の有効数字の少ない方の3桁となる．

乗法の場合と同様，**有効数字の少ない方の数の桁数**が，結果の桁数となる．

5.　誤　　差
（1）　誤差とは

　測定には必ず誤差が伴うので，測ろうとする量の正確な値すなわち**真値**は絶対に得られない．測定値はその真値の推定値である．したがって，得られた測定値がどれくらい真値に近いかがわかることが重要である．この測定値の信頼度を表す値が誤差である．

　測定値と真値との差を**絶対誤差**または単に**誤差**とよび，その誤差の真値または測定値との比を**相対誤差**とよぶ．すなわち，

$$誤差 = 測定値 - 真値, \quad 相対誤差 = \frac{誤差}{（真値または測定値）}$$

また相対誤差のことを，これに100をかけてパーセントで表し，**パーセント誤差**ともよぶ．測定の精度を問題にするときは，絶対誤差より相対誤差の方が重要である．

　誤差はいろいろな原因で入ってくる．そのうち重要なものをあげておこう．

（a）　測定器の目盛りの精度からくる誤差

　計器は市販される前に，その目盛りが十分に校正されているはずである．測定器の精度は，粗いものから細かいものまでいろいろあるので，目的に応じて使い分ける．測定器の絶対精度は，測定器自身かまたはマニュアル（使用説明書）に書かれているので，それを参考にする．また購入後ある程度の期間が経過すると，校正にずれが生じることがある．

定期的に測定器をさらに精密な測定器と比較するなどの方法で校正を行うことも必要である．このように，用いる測定器の誤差（精度）を正しく知っておくことが大切である．

（b）　読み取りの誤差

これは前の節でくわしく説明したが，この読み取りは個人によって差が生ずる．ある人は大きめに，ある人は小さめに読むという癖があり，また視差（正しい位置から値を読んでいないために起こるもの）があるために，このようなことが起こることもある（過失誤差）．これらの誤差は，注意すればいくらか改善することが可能である．

以上（a），（b）のように原因がある程度わかっている誤差を**系統誤差**とよぶ．これに対し，まったく偶然に起こる誤差がある．それは次のようなものであって，**偶然誤差**とよばれている．

（c）　測定のばらつきによる誤差

どんなに注意しても測定器の精度限界（1 mm の目盛りで 0.1 mm まで読み取るような場合）のところでは，偶然のばらつきが必然的に生じる．放射線のような確率的現象では，真値そのものが確率的にばらつく．このような場合，測定をただ1回の読みで終えるのではなく，同じ量を多数回測ってそれらの平均値を求めるのが普通である．

このように必然的にばらつきをもつ多数のデータから最も確からしい推定値（最確値）やその信頼度（誤差）を引き出す方法を与えるのが誤差論の役目である．

（2）　平　均　値

ある量に対して測定を n 回繰り返し，測定値 $x_1, x_2, \cdots, x_n$ を得たとする．いま真値を X とすれば，おのおのの測定に対する誤差 $\xi_1, \xi_2, \cdots, \xi_n$ はそれぞれ

$$\xi_1 = x_1 - X, \quad \xi_2 = x_2 - X, \quad \cdots, \quad \xi_n = x_n - X$$

となる．これらのうちあるものは正，あるものは負で，それらの絶対値の大きさもいろいろあるが，n が非常に大きいときは，確率論的に正負のものが同数で，その絶対値が同程度のものが正負に同じだけあると考えられる．したがって，測定値をすべて加え合せると誤差は打ち消し合って小さくなると考えられるので，x_n の**算術平均値**（単に**平均値**とよぶ．$\bar{x}$ または $\langle x \rangle$ のように表す．）

$$\bar{x} = \frac{x_1 + x_2 + \cdots + x_n}{n} \tag{1}$$

が最も真値 X に近いと考え，これを**最確値**とする．この最確値に対してその精度あるいは信頼度の目安となるものが必要である．これにはつぎの3つが考えられる．

（a）　平均誤差（平均残差）

真値 X はわからないので，真の誤差もわからない．そこで X の代りに平均値 $\bar{x}$ を用いて，

$$d_1 = x_1 - \bar{x}, \quad d_2 = x_2 - \bar{x}, \quad \cdots, \quad d_n = x_n - \bar{x}$$

として，これらを**残差**とよぶ．残差をそのまま平均すれば0になってしまうので，それらの絶対値をとって平均する．

$$\delta = \frac{|x_1 - \bar{x}| + |x_2 - \bar{x}| + \cdots + |x_n - \bar{x}|}{n} \tag{2}$$

これを**平均誤差**とよび，個々の測定値のばらつき，すなわち1回測定の精度を表す1つの目安とすることができる．

（b）　標準偏差（標準誤差）

標準偏差 σ_m は，平均値 $\bar{x}$ に対する誤差として一般的に用いられ，残差から

$$\sigma_\mathrm{m} = \sqrt{\frac{\sum\limits_{i} (x_i - \bar{x})^2}{n(n-1)}} \tag{3}$$

によって与えられる（この導出は付録で行う）．

（c）　確率誤差

平均値 $\bar{x}$ に対する**確率誤差** γ_m は上の標準偏差に 0.6745 を掛けて得られる．すなわち，
$$\gamma_\mathrm{m} = 0.6745\sigma_\mathrm{m}$$
$\delta, \sigma_\mathrm{m}$ および γ_m を記号 Δx で表し，これらを用いて，測定結果を

$$\bar{x} \pm \delta \quad \text{または} \quad \bar{x} \pm \sigma_\mathrm{m} \quad \text{または} \quad \bar{x} \pm \gamma_\mathrm{m}$$

と表示する．$\delta, \sigma_\mathrm{m}$ および γ_m の確率論的な意味については，付録の誤差論のところで説明する．

（3）　間接測定における誤差

これまでは直接測定のみを考えてきたが，ここではいくつかの量を組み合せて求められる間接測定について考える．

求めようとする量 W がいくつかの量 $X, Y, \cdots, Z$ の関数
$$W = f(X, Y, \cdots, Z) \tag{4}$$
になっているとする．各量の測定値 $X, Y, \cdots, Z$ に対してそれらの誤差をそれぞれ $\Delta X,$ $\Delta Y, \cdots, \Delta Z$ とすれば，量 W の誤差は

$$\Delta W = \frac{\partial f}{\partial X}\Delta X + \frac{\partial f}{\partial Y}\Delta Y + \cdots + \frac{\partial f}{\partial Z}\Delta Z \tag{5}$$

で表せる．しかし，左辺の各項の符号は一般に正や負をとるので，各項の絶対値をとり，

$$\Delta W = \left|\frac{\partial f}{\partial X}\Delta X\right| + \left|\frac{\partial f}{\partial X}\Delta Y\right| + \cdots + \left|\frac{\partial f}{\partial Z}\Delta Z\right| \tag{6}$$

とする．たとえば，$W = Ax + By + \cdots + Cz$ のとき（$A, B, \cdots, C$ は定数）
$$\Delta W = |A\,\Delta X| + |B\,\Delta Y| + \cdots + |C\,\Delta Z|$$
また，$W = AX^l Y^m \cdots Z^n$ のとき（$A, l, m, \cdots, n$ は定数）は

$$\frac{\Delta W}{|W|} = \left|l\frac{\Delta X}{X}\right| + \left|m\frac{\Delta Y}{Y}\right| + \cdots + \left|n\frac{\Delta Z}{Z}\right| \tag{7}$$

となる．

例：高さ h，直径 d を測り，円柱の体積 V を求める．

$$V = \frac{\pi}{4}d^2 h$$

ここで π は定数であるが，計算にあたって適当に桁数を打ち切るから，やはり誤差 $\Delta\pi$ があるものとして

$$\frac{\Delta V}{V} = \frac{\Delta\pi}{\pi} + 2\frac{\Delta d}{d} + \frac{\Delta h}{h}$$

を得る．いま，$h = 10\,\mathrm{cm}$，$d = 2\,\mathrm{cm}$ として体積の相対誤差を $0.5\,\%$ 以内の精密さで求めたいとすると，たとえば

$$\frac{\Delta\pi}{\pi} \leqq \frac{1}{600}, \qquad \frac{\Delta h}{h} \leqq \frac{1}{600}, \qquad \frac{\Delta d}{d} \leqq \frac{1}{1200}$$

とすればよい．ゆえに

$$\Delta\pi \leqq \frac{3.14}{600} = 0.0052$$

$$\Delta h \leqq \frac{10}{600} = 0.0167\,\mathrm{cm}$$

$$\Delta d \leqq \frac{2}{1200} = 0.00167\,\mathrm{cm}$$

であればよい．これからみると，π の値として 3.14 を使って十分である．3.1416 を使うのは計算を複雑にするだけであることがわかる．h の誤差は $0.17\,\mathrm{mm}$ まで許され，それは正確な mm 尺を使えば十分目測で達しうる精度である．d の値としては $0.017\,\mathrm{mm}$ 程度まで定めなくてはならない．このためにはマイクロメータを使う必要がある．

次に間接測定値 W に対する誤差 ΔW として標準偏差 σ_W を用いた場合は

$$(\Delta W)^2 = \sigma_W{}^2 = \left(\frac{\partial f}{\partial X}\right)^2 \sigma_X{}^2 + \left(\frac{\partial f}{\partial Y}\right)^2 \sigma_Y{}^2 + \cdots + \left(\frac{\partial f}{\partial Z}\right)^2 \sigma_Z{}^2 \tag{8}$$

を用いることができる．ここで $\sigma_X, \sigma_Y, \cdots, \sigma_Z$ は各量の測定値の平均値に対する標準偏差（誤差）である．

例：前にあげた $V = \frac{\pi}{4}d^2 h$ に対して，$\Delta d = \sigma_d$，$\Delta h = \sigma_h$ として

$$\Delta V = \sigma_V = V\sqrt{\left(2\frac{\sigma_d}{d}\right)^2 + \left(\frac{\sigma_h}{h}\right)^2}$$

となる．

6. グラフの書き方

　実験中にグラフを描く場合は，グラフ用紙全体を有効に使うことが大事である．すなわち，グラフが用紙のある一部に片寄らないようにする．そのため**縦軸と横軸の物理量の単位およびスケール**を適切に選ぶ必要があり（グラフ用紙の $1, 2, 5$ 目盛を基準にとる），それらを**グラフ上に明記する**．特別な理由がない限り，縦軸と横軸の交点は原点 $(0, 0)$ にとる．またどういう量の間の関係かを示す表題を書く．

　グラフは硬い鉛筆を使い，図 4 (a) のように測定点を黒点で描く．インクやボールペンは使わない．また誤差がわかっているとき，図 4 (b) のように縦の棒を付けてその大きさを示すこともある．

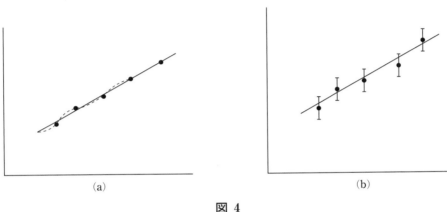

(a)　　　　　　　　　　　　　　(b)

図 4

　さて実際にグラフを描くとき，測定点の近くを通るようにして，直線または滑らかな曲線（ガイドライン）を描くようにする．測定点を次から次へと結んでいくのは意味がない．しかし，不連続な変化や小さい起伏が本質的な意味をもつこともあるので，不用意な先入観をもって滑らかな線を引いてしまい，重要な事実を見逃すことがないように注意する必要がある．

参　　考

　実験を行いながら，測定値をすぐにグラフに書く習慣をつけるとよい．そうすることで，実験の誤りに早く気がついたり，予想外の新しい現象を見逃さずに発見し，必要ならば実験計画をすみやかに変更して対応することができる．そうしなかったために，実験終了後に重要な事実に気がついても，確認の実験を何ケ月も待たねばならず，ライバルに先を越されるというようなケースも起こりえる．

Ⅳ. 実 験 テ ー マ

1. ボルダの振り子

目　　的

　ボルダの振り子を使って重力加速度 g を，有効数字 4 桁の精度で測定する．

実験器具

　ボルダの装置，ストップウォッチ，巻尺，ノギス，望遠鏡

原　　理

　地上での重力加速度の大きさ g は，$g = 9.8\,\mathrm{m/s^2}$ であるが，さらに精度を上げて比較すると場所によってわずかに異なっていることがわかる．ここでは，実体振り子の 1 つであるボルダの振り子を使って，有効数字 4 桁の精度で g を測定する．

　実体振り子の振動周期は，振幅が十分小さいとき

$$T = 2\pi\sqrt{\frac{I}{Mgh}}$$

となる［原康夫著「物理学」（学術図書出版社）2.6 の物理振り子参照］．
ここで，

$$M：全質量$$
$$g：（地上の）重力加速度$$
$$I：支点のまわりの慣性モーメント$$
$$h：支点と重心との間の距離$$

である．

　ボルダの振り子は，図 1 のように球を針金で吊るしたもので，針金の質量は無視できるものとする．そうすると，

$$h = l + r$$
$$I = M(l+r)^2 + \frac{2}{5}Mr^2$$

ここで，

$$l：針金の長さ（ナイフエッジから球の上端まで）$$

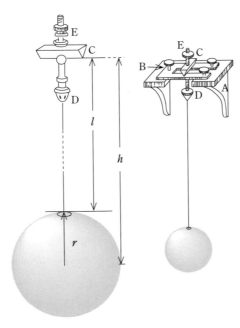

図 1

r：球の半径

M：球の質量（約 290 g）

である．これら h と I を周期 T の式に代入して，重力加速度 g について解くと，

$$g = \frac{4\pi^2}{T^2}(l+r)\left\{1+\frac{2}{5}\left(\frac{r}{l+r}\right)^2\right\} \tag{1}$$

となる．T, l, r を測定すれば，(1)式を用いて g を求めることができる．

実施方法（(1)〜(3)は調整ずみのため(4)から行う．）

（1）壁に固定した台 A の上に，U 字型の台 B をおき，水準器を利用してそれを水平にする．その上にナイフエッジ C を含む吊り金具をのせる．

（2）吊り金具についている針金ばさみ D に長さ 1〜1.5 m の針金を取り付け，その下端に球を吊るし，振幅を小さくして 10 回ほど振らせ，その周期を測る．

（3）針金を取りはずし，吊り金具のみを振らせてその周期を測り，それについているねじ E を上下して，その周期が(2)の周期に一致するようにする．こうすると，(2)の周期が吊り金具に影響されなくなる．そして再び吊り金具に針金を取り付ける．

（4）壁から 1.5〜2 m はなれた正面に望遠鏡をおく．まず接眼鏡を出し入れして十字線がはっきり見える位置におく（これには個人差がある）．つぎに十字線と針金の像との間に視差がないように望遠鏡の筒の長さを調節する．

（5）振り子を（角度 5°の範囲内で）楕円を描かないように小さく振動させる．振動の周期はつぎのように測定する．あらかじめストップウォッチをスタートさせておき，望遠

鏡をのぞき，針金が望遠鏡の十字線を第0回（自分で決める）と同一方向に10回ごとに横切る瞬間をとらえ，ストップウォッチのラップキーを押していく．

（6）このような測定を190回以上続ける．実験終了後ストップウォッチを止め，リコールキーを押した後，各回数の時刻を記録していく（表示時刻はストップウォッチの画面の左下に RECALL 表示中に START キーで変更）．0〜90回までの時刻を t_1，100〜190回までの時刻を t_2 とすると，10個の $t_2 - t_1$ の時間が得られる．これらは振動の周期の100倍となり，それらの平均をとって100で割ると周期 T の平均値が得られる．

（7）針金の長さ l（ナイフエッジ C から球の上端 F までの距離）を巻尺によって，球の直径 $d = 2r$ をノギスによって，それぞれ3回以上測定し，それらの平均値を求める．

　　長さ l を測定するときは，巻尺の先端を C がのっている U 字台 B にひっかけて測定する．ただし，台 B は固定されていないので，台 B が落ちないように支えながら測定する．針金と巻尺が平行であることを前からと横から確認し，さらにその近くで巻尺を少し動かしてみて値 l が最小になるようにすると，真の平行が得られる．**l を正確に測定できるかどうかが，実験の精度に大きく影響する**．（l が 1 mm 違うと g がどれくらい違ってくるか考えてみよ．）

　　球の直径 d は，ノギスにより互に直交する方向で測定する（副尺の使い方については III.3 の測定値の読み取り方（p.6）を参照すること）．

　　しかし，l の測定には 0.5 mm 程度の誤差を伴うと考えられるので，$l + r$ の誤差 $\Delta(l + r)$ は 0.5 mm とすべきである．

（8）重力加速度 g を（1）式によって計算する．

（9）測定値 $t_2 - t_1$ のばらつきの目安は，それらの平均値 $\langle t_2 - t_1 \rangle$ と各測定値との差の絶対値 $|(t_2 - t_1) - \langle t_2 - t_1 \rangle| \equiv |\Delta(t_2 - t_1)|$ の平均（平均残差）である．

　　$|\Delta(t_2 - t_1)|$ の平均（平均残差）が 0.1 秒より大きいときは，周期 T の測定精度が粗いので，教員と相談の上，可能ならば実験をやり直す．

（10）平均値 $\langle t_2 - t_1 \rangle$ の標準偏差 s_{100} から，周期 T の誤差 ΔT を求め，これと $\Delta(l + r)$ を考慮して，誤差 Δg を計算する．誤差 Δg は本実験の実験精度を表している．

測 定 例

回数	t_1	回数	t_2	t_2-t_1	$|\Delta(t_2-t_1)|$	$|\Delta(t_2-t_1)|^2$
0	0′58.72″	100	5′08.35″	4′09.63″	0.06	0.0036
10	1′23.73″	110	33.23″	9.50″	0.07	0.0049
20	48.73″	120	58.26″	9.53″	0.04	0.0016
30	2′13.58″	130	6′23.25″	9.67″	0.10	0.0100
40	38.59″	140	48.10″	9.51″	0.06	0.0036
50	3′03.57″	150	7′13.12″	9.55″	0.02	0.0004
60	28.51″	160	38.02″	9.51″	0.06	0.0036
70	53.43″	170	8′03.07″	9.64″	0.07	0.0049
80	4′18.43″	180	27.98″	9.55″	0.02	0.0004
90	43.38″	190	52.95″	9.57″	0.00	0.0000
			平均	4′09.57″	0.050	0.0033
				$=249.57″$		

周期　$T = \dfrac{t_2-t_1}{100} = \dfrac{249.57}{100} = 2.4957 \text{ s}$

$$s_{100} = \sqrt{\frac{\sum_i |\Delta(t_2-t_1)|^2}{10\cdot(10-1)}} = \sqrt{\frac{\langle|\Delta(t_2-t_1)|^2\rangle}{9}} = \sqrt{\frac{0.0033}{9}} = 0.019 \text{ s}$$

$\Delta T = \dfrac{s_{100}}{100} = \dfrac{0.019}{100} = 0.00019 \text{ s}$

$\dfrac{\Delta T}{T} = \dfrac{0.00019}{2.4957} = 0.00008$

$l = \dfrac{152.7+152.6+152.6}{3} = 152.6 \text{ cm}$

$d = \dfrac{39.95+39.90+39.85}{3} = 39.90 \text{ mm} = 3.990 \text{ cm}$

$r = \dfrac{d}{2} = \dfrac{3.990}{2} = 1.995 \text{ cm}$

$\Delta(l+r) = 0.05 \text{ cm}$

$\dfrac{\Delta(l+r)}{l+r} = \dfrac{0.05}{152.6+1.995} = 0.00032$

$\dfrac{2r^2}{5(l+r)^2} = \dfrac{2\times1.995^2}{5\times(152.6+1.995)^2} = 6.7\times10^{-5}$

$\dfrac{2r^2}{5(l+r)^2}$ の項は 1 に対して省略できる（理由を考えよ）．ゆえに，g は

$$g = \frac{4\pi^2}{T^2}(l+r) = \frac{4\times\pi^2\times(152.6+1.995)}{2.4957^2}\times10^{-2} = 9.799 \text{ m/s}^2$$

測定値の誤差は，$g = 4\pi^2 T^{-2}(l+r)$ と 13 ページ（7）式より

$$\Delta g = \left(2\frac{\Delta T}{T} + \frac{\Delta(l+r)}{l+r} \right) g = (2 \times 0.00008 + 0.00032) \times 9.799$$

$$= 0.005 \, \text{m/s}^2$$

結果：重力加速度 $g = (9.799 \pm 0.005) \, \text{m/s}^2$

参　考　各地の g の値

地　名	経度（E）	緯度（N）	高さ [m]	$g \, [\text{m/s}^2]$
札　幌	140°20′7	43°04′3	15.	9.8047757
仙　台	140°50′8	38°14′9	127.77	9.8006583
東　京	139°41′3	35°38′6	28.	9.7976319
名古屋	136°58′3	35°09′1	46.21	9.7973254
広　島	132°28′1	34°22′1	0.98	9.7965866
那　覇	127°41′3	26°12′2	25.	9.7909592

（2001 年版理科年表による）

演　習

　重力加速度 g について，以下の問いに答えよ．地球の形状は，単純な球であると仮定する．

（1）　重力加速度 g が生じる原因となる力の名前を 2 つ挙げ，それぞれ式で表せ．また，2 つの力を図を使って示せ．

（2）　緯度 ϕ を変えたとき，g はどのように変化するか，理由をつけて説明せよ．

（3）　地上よりの高さ h を変えたとき，g はどのように変化するか，理由をつけて説明せよ．

2. 熱の仕事当量

目　的
　ジュール熱による水温上昇を測定して，熱の仕事当量 J を求める．

実験器具
　水熱量計，水銀温度計，直流電流計 (0～10 A)，直流電圧計 (0～15 V)，直流電源装置，マグネチックスターラ (撹拌棒を含む)，上皿天秤 (500 g)，メスシリンダー (50 cm³)，ビーカー，ストップウォッチ

原　　理 (大同大学物理学教室編 (以下，物理学教室編と略す)「基礎物理」§6 と §13 を参照．)
　水熱量計のニクロム線に電源をつないで，電流 I [A] を流したとき，ニクロム線の両端の電圧を V [V] とすると，t [s] 間にニクロム線から発生するジュール熱は IVt [J] である．熱量計の中の水の温度上昇が $\Delta\theta$ であるとすると，水が受けとった熱量は $J(W+w)\Delta\theta$ [J] であり，断熱が完全であるならば上のジュール熱と等しい．ここで J [J/cal] は熱の仕事当量であり，W は水の熱容量，w は容器，温度計 (水に浸った部分) を一括したものの熱容量である．水の質量を M [g] とすると，水の比熱が 1.00 [cal/℃·g] であるから，数値的に水の熱容量は $W = M$ [cal/℃] となる．そうすると，熱の仕事当量は

$$J = \frac{IVt}{(M+w)\,\Delta\theta} \tag{1}$$

で与えられる．I, V, $\Delta\theta$ などを測定すれば，(1) 式を用いて J を求めることができる．

実施方法
（1）　図1のように配線する．
（2）　水熱量計の銅容器の質量 m [g] を上皿天秤で測定する (分銅は素手でさわらないこと)．
（3）　銅容器の中に8分目ほど (容器の上端から 1.5～2 cm 下まで，200～250 cm³) 水を入れ，その水の質量 M [g] を上皿天秤で測定する．銅容器を水熱量計に入れる．
（4）　電源装置の主電源スイッチを ON にする．ニクロム線を水中に入れないで，電源装置の OUTPUT を ON にし，電流が 3 A になるよう調整して OUTPUT を OFF にする．
（5）　ニクロム線をビーカーの水で冷やす．銅容器の水の中に撹拌棒を入れる．温度計をふたに取り付けて銅容器の上にかぶせ，水熱量計をマグネチックスターラの台にのせる．その後，マグネチックスターラのつまみを回し，撹拌を開始する．この際，水熱量

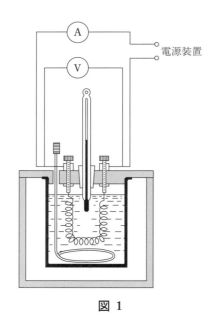

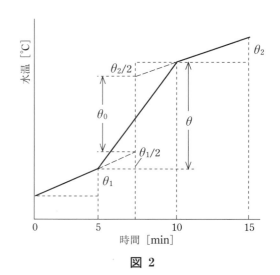

図 1   図 2

計のふたを開け，撹拌棒が回転し，適切に撹拌が行われているか確認すること．予備的
に温度計の値を何回か読み，水温がほとんど変化しなくなったところで，ある時刻を合
図にストップウォッチをスタートさせ，水の温度および室温を測定する．

（6） 水を撹拌しながら，5 分後に水の温度を測定し，同時に電源の OUTPUT を ON
にして電流を流し，電流と電圧の値を読み取る．以後，撹拌を続けながら 30 秒毎に水
の温度，電流，電圧の値を読み，5 分後に OUTPUT を OFF にする．このときは，
OFF にすると同時に水の温度のみを読む．その瞬間から 5 分後に水の温度を測定する．
またその時の室温を測定し，1 回の実験を終了する．

**（注意：温度計，電流計，電圧計を読むとき，温度計から先に読むこと．また，温度計
を読む際，10 秒前からカウントをとること．**温度計の値の変化は速いが，他はほぼ一
定値であるから）．

（7） 温度計の水銀がたまっている部分の体積 V_{Hg} [cm^3] をメスシリンダーで測定する．

（8） 電流を 4 A にして，同様の測定を行う．

（9） 電流が 3 A と 4 A の場合について，図 2 のように水温と時間の関係をグラフに描
く．グラフを用いて，正味の温度上昇 θ_0 を求める．

（10） 熱の仕事当量 J を

$$J = \frac{\bar{I}\,\bar{V}t}{(M + mC_{Cu} + \rho_{Hg}C_{Hg}V_{Hg})\theta_0 + \alpha\theta_0{}^2} \tag{2}$$

によって計算する．ここで，

C_{Cu}：銅の比熱　0.092 cal/℃·g　　　　　C_{Hg}：水銀の比熱　0.033 cal/℃·g

ρ_{Hg}：水銀の密度　13.6 g/cm^3　　　　　　α：流出熱量の補正係数　12.5 cal/℃^{2}

である．ヒーターと撹拌棒の熱容量は無視できる．J の式の分母は，水が受けとった熱

量と外部に流出した熱量の和である．

　分母の温度上昇の部分は次のように解釈される．電流によって加熱される5〜10分間の温度上昇 θ には，外部との熱の出入りによる分も含まれているはずである．これは断熱材として使用された発泡スチロールが完全な断熱材でないためである．これを補正するため，前半2.5分には0〜5分間とおなじ割合で容器に入るとして，この分による温度上昇を $\dfrac{\theta_1}{2}$ と仮定する．また後半の2.5分には10〜15分間と同じ割合で熱が容器に入るとして，この分による温度上昇を $\dfrac{\theta_2}{2}$ と仮定する．そうすると5〜10分間に加熱による正味の温度上昇 θ_0 は，図2に見るように，

$$\theta_0 = \theta - \frac{\theta_1}{2} - \frac{\theta_2}{2} \tag{3}$$

で与えられる．

　これまで外部の温度がいつも水温より高くて熱が入る場合を考えたが，もし外部の温度が低く熱がでる場合には，上記 θ_1 または θ_2 を負として式（3）で計算すればよい．たとえば，図3の場合の補正は，$\theta_2 < 0$ の場合だが

$$\theta_0 = \theta - \frac{\theta_1}{2} + \frac{|\theta_2|}{2} = \theta - \frac{\theta_1}{2} - \frac{\theta_2}{2} \tag{4}$$

となる．

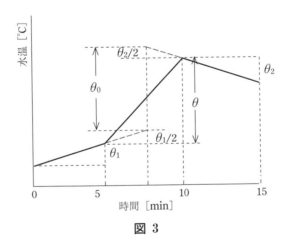

図 3

補　足

　断熱が完全でないため，発生したジュール熱の一部が外部に流出する．流出する熱量は温度上昇 θ_0 の2乗に比例すると考えられるので，$\alpha\theta_0{}^2$ を補正して加える．この実験に用いる水熱量計では，ほぼ $\alpha = 12.5\,\mathrm{cal/^\circ C^2}$ である．

検　討

　実験精度は，測定器の精度と実験環境などの要因をあわせて決まる．有効数字は主に測定器の精度から期待される実験精度を表す．本実験では，断熱の程度や，流出する熱量の見積りの正確さが十分でないので，実際の実験精度は2桁（±20%）程度である．

測 定 例

室温（26.2 ℃）

時間 分秒	水温 ℃	電流 A	電圧 V
0′00	26.80	—	—
5′00	26.90	4.00	3.52
30	27.10	4.00	3.50
6′00	27.50	4.00	3.51
30	27.80	3.99	3.50
7′00	28.20	4.00	3.50
30	28.50	3.99	3.50
8′00	28.90	3.99	3.50
30	29.30	3.98	3.50
9′00	29.60	4.00	3.49
30	29.90	3.98	3.49
10′00	30.20	—	—
15′00	30.20	—	—
平均		3.99 A	3.50 V

容器の質量　$m = 87.2\,\text{g}$

水の質量　　$M = 328.0\,\text{g} - 87.2\,\text{g} = 240.8\,\text{g}$

温度計の水銀だめの体積　$V_{\text{Hg}} = 0.7\,\text{cm}^3$

グラフより $\theta, \theta_1, \theta_2$

$\theta = 30.25 - 26.85 = 3.40\,℃$

$\theta_1 = 26.85 - 26.80 = 0.05\,℃$

$\theta_2 = 30.20 - 30.25 = -0.05\,℃$

$\theta_0 = \theta - \dfrac{\theta_1}{2} - \dfrac{\theta_2}{2} = 3.40 - \dfrac{0.05}{2} + \dfrac{0.05}{2}$

$\qquad = 3.40\,℃$

※ 26.85 ℃ と 30.25 ℃ は，それぞれ近似直線の 5 分と 10 分の値を読んだものである．近似直線は 5 分と 10 分の測定点を結ぶのではなく，全測定点の間を通るように描く．

$$J = \frac{\bar{I}\,\bar{V}t}{(M + m \cdot C_{\text{Cu}} + \rho_{\text{Hg}} \cdot C_{\text{Hg}} \cdot V_{\text{Hg}})\theta_0 + \alpha\theta_0^2}$$

$$= \frac{3.99 \times 3.50 \times 300}{(240.8 + 87.2 \times 0.092 + 13.6 \times 0.033 \times 0.7) \times 3.40 + 12.5 \times 3.40^2}$$

$$= 4.23\,\text{J/cal}$$

結果：熱の仕事当量　$J = 4.23\,\text{J/cal}$

参　　考

　熱の仕事当量 J は，熱量の単位 [cal] と仕事またはエネルギーの単位 [J] とを換算する割合で，現在最も確からしいとされるのは次の値である．

$$J = 4.18605\,\text{J/cal}$$

演　　習

　ジュールの羽根車の実験について，以下の問いに答えよ．

（1）　ジュールの羽根車の実験装置を，簡単な図で表せ．

（2）　羽根車が水槽内の水を撹拌した仕事 W が，どのように求められるかを説明せよ．

（3）　求められた仕事 W と水の温度上昇 ΔT とから，熱の仕事当量 J を求める方法を述べよ．

（4）　ジュールの羽根車の実験から，何と何が同等であることが示されたか述べよ．

3. ニュートンリング

目　的

平凸レンズによりニュートンリングを観察して，レンズの曲率半径を測定する．

実験器具

平凸レンズ，平面ガラス板，平行ガラス板，遊動顕微鏡，ナトリウム・ランプ，電気スタンド

原　理

図1のように，ナトリウム・ランプSから出た波長 589.3 nm $(10^{-9}\,\mathrm{m})^{1)}$ の単色光を，45° 傾けた平行ガラス板Gによって下方に反射させて，平凸レンズLと平面ガラス板Pに当てる．

遊動顕微鏡Mによって上方から見ると，Lの下面とPの上面による反射光が干渉して，環状の明暗の縞（しま）が見える．これがニュートンリングであり，光が波の性質を持つことがわかる．図2にみるように直径 d_n の暗環ができている場所において，LとPの隙間が x_n であれば，干渉による打消しの条件は，波長を λ として

$$2x_n = (偶数) \times \frac{\lambda}{2} = n\lambda \qquad n = 1, 2, 3, \cdots \quad 干渉の次数 \tag{1}$$

である．この式は，上下二面からの反射光が光路差 $2x_n$（正確には空気の屈折率を掛ける）をもち，また平面ガラス板Pの上面での反射にさいし半波長分の位相差を生じることから得られる．（波の性質は，物理学教室編「基礎物理」付録Cを参照．）

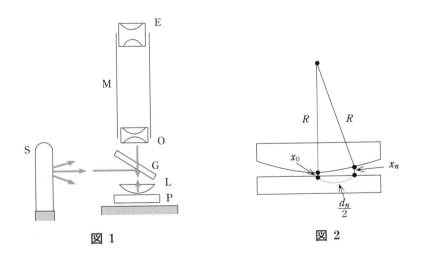

図 1　　　　　　　図 2

1) Na のスペクトル線 D_1 と D_2 の波長の平均値.

中心における隙間を x_0 とすれば，幾何学的関係（図2を参照）

$$R^2 = \{R-(x_n-x_0)\}^2+\left(\frac{d_n}{2}\right)^2 \simeq R^2-2R(x_n-x_0)+\frac{d_n{}^2}{4}$$

から，

$$x_n = x_0+\frac{d_n{}^2}{8R} \tag{2}$$

が成り立つので，x_n に（1）式を代入して整理すると，n 次の暗環の直径の2乗 $d_n{}^2$ は

$$d_n{}^2 = 4R\lambda\cdot n-8Rx_0 \tag{3}$$

で与えられる．$d_n{}^2$ と n の間には一次関数の関係が成り立ち，その傾き $4R\lambda$ から R を求めることができる．

　異なる m 次と n 次の2つの暗環の直径を用いて傾きを求めると

$$4R\lambda = \frac{d_m{}^2-d_n{}^2}{m-n}$$

したがって

$$R = \frac{d_m{}^2-d_n{}^2}{4(m-n)\lambda} \tag{4}$$

を用いて，d_n の測定によって，レンズの曲率半径 R を求めることができる．

実施方法

（1）　L と P はワックスで固定されている．これを M のステージ上に黒い紙をのせ，その上におく．

（2）　ナトリウム・ランプを点灯する．まず電源スイッチ S_1 を入れ，つづいてスターターボタン S_2 を押す．フィラメントが赤熱して数秒後に S_2 を切ると放電がはじまる．終了時には S_1 を切る．

（3）　平行ガラス板 G を支えるスタンドを利用して G を図1のようにセットする．このとき視野が最も明るくなるように G の傾きや位置を調節する．

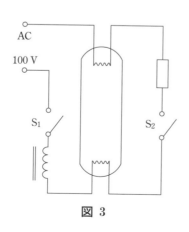

図 3

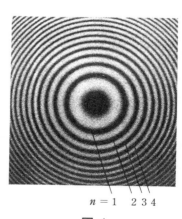

図 4

（4）　Mの接眼鏡Eを出し入れして，十字線が最もはっきり見える位置におく．次に対物鏡OをGにぶつけないように，はじめ十分下げておき，Pの上面にピントが合うまで鏡筒を上げていく．

（5）　Lを視野の中心にもってくれば，干渉環が見える．このときピントをわずかに調節して，暗環と十字線との間の視差をなくする．また暗環の位置の測定は，**十字線を暗環の幅の中央に合わせて行う**．測定完了まで，机や顕微鏡に衝撃・振動を加えないこと．

（6）　中心の暗環から外に向かって番号 $n = 1, 2, 3, \cdots$ をつける．中心の暗環の幅が広がっていたりして，n が（1）式における干渉の次数に一致しないかもしれない．しかしこれからの取り扱いに影響がないので，$n = 1$ を適宜に選んでおけばよい（くわしくは（9）を見よ）．この測定では中央の5個を除いて，偶数個の8個の暗環の直径 $d_6, d_7, \cdots, d_{13}$ を求める．

（7）　鏡筒をたとえば右から左に送って，右側の暗環の位置を $n = 13, 12, \cdots, 6$ の順に読み取り，中心を越えて左側の位置は $n = 6, 7, \cdots, 13$ の順に読み取っていく．**送りねじは必らず一方向**，いまの場合は右から左に動かして止める．やり直すときは大きく右にもどし，再び左に動かして止めねばならない．主尺の最小目盛は1mmであり，副尺は49mmを50等分したものである．

$$1 - \frac{49}{50} = 1 - 0.98 = 0.02 \text{ mm}$$

まで読める．左右の暗環の位置の差から直径 d_n を計算する．

（8）　直径の2乗 $d_6{}^2, d_7{}^2, \cdots, d_{13}{}^2$ を計算する．

（9）　横軸に n，縦軸に $d_n{}^2$ をとってグラフをつくる．測定点が直線的に並ばないときは，測定または計算に誤りがあるので，やり直す．n と $d_n{}^2$ の間には（3）式の関係が成り立つので，**このグラフが直線的であることは，実験が信頼できることを意味する**．また，直線からのはずれぐあいによって，測定のばらつきがよくわかる．

この直線の傾きは $4R\lambda$ であるから，グラフからこれを読み取って R を求めることもできる．さらに直線と縦軸との交点の座標は（3）式により $-8Rx_0$ に等しいので，これから x_0 がわかる．グラフが横軸の $n = 0$ と1の間を通らないことがある．これは干渉の次数 n を取り違えた場合に起こるが，R の結果に影響はない．

（10）　この実験では $m = n + 4$ とする．$d_{10}{}^2 - d_6{}^2$，$d_{11}{}^2 - d_7{}^2$，$d_{12}{}^2 - d_8{}^2$，$d_{13}{}^2 - d_9{}^2$ を求め，それらの平均値 $\langle d_m{}^2 - d_n{}^2 \rangle$ を計算する．それから傾きの平均

$$\frac{\langle d_m{}^2 - d_n{}^2 \rangle}{m - n} \qquad (m - n = 4)$$

を求め，（4）式により R を求める．

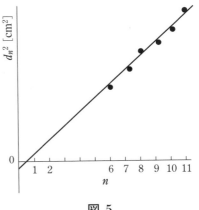

図5

（11） 測定値 $d_m{}^2-d_n{}^2$ には，その平均残差 $\varDelta$ 程度のばらつきがある．平均誤差 $\varDelta$ は測定値とその平均値との差（残差）の絶対値

$$|(d_m{}^2-d_n{}^2)-\langle d_m{}^2-d_n{}^2\rangle|$$

の平均で定義される．得られた結果 R には，13 ページ（7）式より

$$\Delta R = R\cdot\frac{\varDelta}{\langle d_m{}^2-d_n{}^2\rangle}$$

程度の誤差がある．

測 定 例

暗環番号	暗環の位置 [cm]		暗環の直径		$d_m{}^2-d_n{}^2$ $(m-n=4)$ $[cm^2]$	|残差| $[cm^2]$
			$d_n[cm]$	$d_n{}^2[cm^2]$		
6	10.090	9.882	0.208	0.0433		
7	10.096	9.874	0.222	0.0493		
8	10.106	9.868	0.238	0.0566		
9	10.114	9.860	0.254	0.0645		
10	10.120	9.852	0.268	0.0718	0.0285	0.0000
11	10.128	9.848	0.280	0.0784	0.0291	0.0006
12	10.134	9.840	0.294	0.0864	0.0298	0.0013
13	10.138	9.836	0.302	0.0912	0.0267	0.0018
				平均	0.0285	0.00093 $=\varDelta$

ばらつきの相対値 $\quad\dfrac{\varDelta}{\langle d_m{}^2-d_n{}^2\rangle}=\dfrac{0.00093}{0.0285}=0.032$

レンズの曲率半径 $\quad R=\dfrac{\langle d_m{}^2-d_n{}^2\rangle}{m-n}\cdot\dfrac{1}{4\lambda}=\dfrac{0.0285}{4\times4\times589.3\times10^{-9}\times10^2}=30.2\ \mathrm{cm}$

測定値の誤差 $\quad\Delta R = R\cdot\dfrac{\varDelta}{\langle d_m{}^2-d_n{}^2\rangle}=30.2\times0.032=1.0\ \mathrm{cm}$

結果：レンズの曲率半径 $\quad R=(30.2\pm1.0)\ \mathrm{cm}$

演 習

1. 光が波の性質を持つことを示したヤングの干渉実験について，以下の問いに答えよ．
（1） ヤングの干渉実験の装置と，スクリーン上に現れる観測結果を，簡単な図で表せ．
（2） （1）の装置で，2 つのスリットを通過した光がスクリーン上の点に達すると，強め合いまたは弱め合いが起こる．それぞれの場合で，明線と暗線のどちらになるか答えよ．
（3） 明線および暗線が観測されるための条件をそれぞれ記し，明線と暗線の位置が交互に現れて縞模様となることを説明せよ．
2. レンズの曲率半径 R は何を表す量か．

4. 電子の比電荷

目　的

電子の電荷 e と静止質量 m との比 $\dfrac{e}{m}$（比電荷）を実験的に求める．

実験器具

$\dfrac{e}{m}$ 測定器，電圧計（300 V），電流計（10 A），摺動抵抗器，電源装置，電気スタンド

原　理

　電子は電気をもつ非常に軽い粒子であり，エレクトロニクス技術の主役である．電子の電荷 e と静止質量 m は非常に小さく，それぞれの値を求める実験は簡単ではない．しかし，その比 e/m は比較的容易な実験で求めることができる．

　図1のように，磁場（磁界）と垂直な平面内に打ち出された電子は，磁場と速度の両者に直角な方向にローレンツ力 $F = evB$（B：磁束密度の大きさ，v：電子の速さ）をうけて，等速円運動をする（物理学教室編「基礎物理」§8を参照）．等速円運動の加速度の大きさは $a = \dfrac{v^2}{r}$（r：半径）であるので，運動方程式 $F = ma$ より，

$$evB = \frac{mv^2}{r} \tag{1}$$

一方，電子の速さ v は加速電圧（電子銃の陽極の電圧）V によって次の関係から決まる．

$$eV = \frac{1}{2}mv^2 \tag{2}$$

したがって，(1)式と(2)式から v を消去すると

$$\frac{e}{m} = \frac{2V}{B^2 r^2} = \frac{8V}{B^2 d^2} \quad (d = 2r) \tag{3}$$

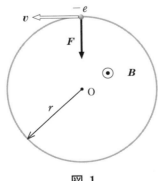

図 1

となる.

　磁場をつくるには，同じ寸法と巻数の円形コイル 2 個，半径の長さだけ離して平行にお
いたものを用いる．これはヘルムホルツ・コイル（Helmholtz coil）とよばれ，これによ
りきわめて一様性のよい磁場が得られる．半径 R，巻数 N のとき，電流 I として，中心
部の磁束密度の大きさ B は次式により与えられる（検討の 2 を参照）.

$$B = \left(\frac{4}{5}\right)^{3/2} \frac{\mu_0 N I}{R} \tag{4}$$

　使用するコイルでは，$N = 130$，$R = 15.0$ cm である．また透磁率は真空の値 $\mu_0 = 4\pi \times 10^{-7}$ [H/m] を用いる．B の単位は MKSA 単位系でテスラ [T] である．したがっ
て，V，d，I を測定すれば $\dfrac{e}{m}$ が求められる.

実施方法

（1）　管球用電源およびコイル用電源を図 2 のように配線する．管球用電源の加速電圧の
　　　ダイヤルは左いっぱいにまわしておく.

（2）　コイルの回路には，30 オームの摺動抵抗器を直列につなぐ．摺動抵抗器のつまみ
　　　は最大の抵抗が得られる位置にしておく.

（3）　管球用電源のスイッチを入れ，陰極の温度が上がるまで 2 分以上待ってから，プレ
　　　ート電圧（加速電圧）V を 0 からゆっくり上げていって 180 V にする．陰極からでた電

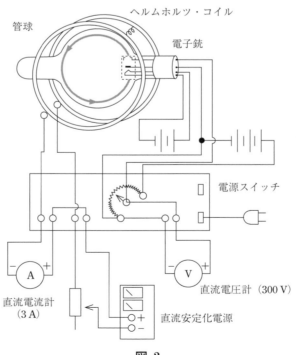

図 2

子はプレート電圧によって加速され，プレートの穴からとび出す（これを電子銃という）．電子を直接見ることはできないが，管球には希薄なヘリウム He ガス（5～8×10^{-3} mmHg）が封入されていて，電子との衝突によってヘリウム原子が電子ビームに沿って発光するので，軌道を見ることができる（検討の 1 を参照）．

（4）　測定器のコイル電流のスイッチを入れ，摺動抵抗器を動かして，電子ビームの軌道が直径 $d = 8$ cm の円になるように（この円の中心はほぼコイルの中心軸上にくる）コイル電流 I を調整する．そしてその値を読み取る．この直径を定めるには測定器のスケールについたカーソルを片目（きき目）で見て，自分のきき目とカーソルとビームが一直線になる位置におく（目を左右に少し動かして慎重に確認する）．見下ろす視線にならないように，目の位置をスケールの高さに合わせるように注意する．**ヘリウムとの衝突により，電子ビームには多少の拡がりがあるので，ビームの外側にカーソルを合わせる．**

（5）　プレート電圧 V を 230 V，280 V にして，電子ビームの直径 d は前と同じ 8 cm になるようコイル電流 I を調節し，その値を読む．

　　次に電子ビームの直径 d を 9 cm になるように，プレート電圧 $V = 180$ V，230 V，280 V に対応するコイル電流 I を調節し，その値を読み取る．

（6）　コイル電流 I の値から，（4）式によって，それぞれに対応する磁束密度の大きさ B の値を計算し，（3）式によってそのおのおのに対する比電荷 $\dfrac{e}{m}$ を計算する．そしてそれらの平均をとる．また，平均残差 $\Delta\left(\dfrac{e}{m}\right)$ を求める．

測定例

加速電圧 V [V]	軌道の直径 d [m]	コイル電流 I [A]	磁束密度 B [T]	$\dfrac{e}{m}$ [C/kg]	|残差| [C/kg]
180	8.00×10^{-2}	1.35	1.05×10^{-3}	2.04×10^{11}	0.23×10^{11}
230	8.00×10^{-2}	1.41	1.10×10^{-3}	2.38×10^{11}	0.11×10^{11}
280	8.00×10^{-2}	1.61	1.25×10^{-3}	2.24×10^{11}	0.03×10^{11}
180	9.00×10^{-2}	1.10	8.57×10^{-4}	2.42×10^{11}	0.15×10^{11}
230	9.00×10^{-2}	1.31	1.02×10^{-3}	2.18×10^{11}	0.09×10^{11}
280	9.00×10^{-2}	1.39	1.08×10^{-3}	2.37×10^{11}	0.10×10^{11}
				2.27×10^{11}	0.12×10^{11}

　　結果：電子の比電荷 $\dfrac{e}{m} = 2.27 \times 10^{11}$ C/kg　　　平均残差 $\Delta\left(\dfrac{e}{m}\right) = 0.12 \times 10^{11}$ C/kg

検　討

1.　電子の比電荷の精密な値は $\dfrac{e}{m} = 1.759 \times 10^{11}$ C/kg（$e = 1.602 \times 10^{-19}$ C，$m = 9.109 \times 10^{-31}$ kg）である．実験結果はこの値に比べて，読み取り誤差（平均残差がその目

安）だけでは説明ができないほど大きい．その理由は，われわれが $\dfrac{e}{m}$ を計算するのに用いた（3）式は，真空中のものであり，管球の中に封入された希薄な He ガスの原子とビームをつくる電子との衝突の効果を無視したためと考えられる．（衝突の効果について考えてみよ．）

2．半径 R の円電流 I によるその中心軸上の磁束密度 B は，中心軸方向を向く．円の中心を原点とし，中心軸に沿って z 軸をとると，中心軸上の磁束密度の大きさは

$$B = \frac{\mu_0 I R^2}{2(R^2 + z^2)^{3/2}} \tag{5}$$

と表される．

　ヘルムホルツ・コイル（H.C.）の中心部の磁束密度の大きさ（4）式は，上の式で $z = R/2$ と $z = -R/2$ とおいた 2 つの円電流によるそれらを重ね合わせたものである．すなわち，

$$B_{\text{H.C.}} = 2 \times \frac{\mu_0 I R^2}{2\left\{R^2 + \left(\pm\dfrac{R}{2}\right)^2\right\}^{3/2}} = \frac{\mu_0 I}{\left(\dfrac{5}{4}\right)^{3/2} R} = \left(\frac{4}{5}\right)^{3/2} \frac{\mu_0 I}{R}$$

なお，電子ビームは中心軸から 4〜5 cm 離れたところを通るが，そこでの磁束密度の大きさは中心軸のそれとほとんど変らない．

演　習

　電子の電荷を求めたミリカンの油滴実験について，以下の問いに答えよ．

（1）　ミリカンの実験の装置の仕組みを，簡単な図で表せ．

（2）　ミリカンの実験で，油滴の電荷を求める方法を述べよ．

（3）　油滴の電荷から，電気素量（電子の電荷）が求まる理由を述べよ．

5．減衰振動と強制振動

目　的
　回転振動体の減衰振動および強制振動を観察し，減衰率や共振曲線などを求める．

実験器具
　強制振動実験器，直流電源，電圧計，電流計，ストップウォッチ．

原　理
　この実験では，機械的振動を取り扱う．この現象は電気回路における LCR 回路の電気的振動に対応する．電気的振動を直接目で見ることはできないが，ここで行われる機械的振動では振動数が十分に小さいので，振動のいろいろな特性が直接目で確かめられる．特に LCR 回路における共振や，電圧と電流の位相差に対応した現象を実際に観察できる．

　機械的振動にはいろいろの種類のものがあるが，この実験では，うず巻きばねの巻き戻りによる回転振動を観察する．

　ばねによる復元力だけでなく，摩擦力や抵抗力が働く場合は，回転振動は**減衰振動**となり，回転角 θ は，

$$\theta(t) = A(t) \cos(\omega t - \varphi) = a e^{-\gamma t} \cos(\omega t - \varphi) \qquad (1)$$

で与えられる（金子他共著「演習で学ぶ力学の初歩」（学術図書出版社）第9章参照）．ここで a と φ は任意定数である．

　ω は**自由振動**の，ω_0 は**固有振動**（抵抗のない場合）のそれぞれ角振動数，また γ は**減衰率**とよばれ，

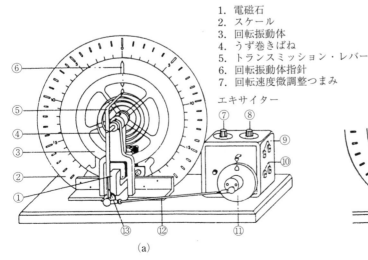

1．電磁石	8．回転速度調整つまみ
2．スケール	9．モーター電源ソケット
3．回転振動体	10．電圧計ソケット
4．うず巻きばね	11．駆動ホイール
5．トランスミッション・レバー	12．連接棒
6．回転振動体指針	13．振幅調整ガイドスロット
7．回転速度微調整つまみ	14．うず電流（制動電流）ソケット

エキサイター

(a)　(b)

図 1

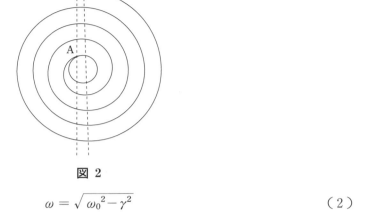

図 2

$$\omega = \sqrt{\omega_0{}^2 - \gamma^2} \tag{2}$$

の関係にある．（1）式を用いて，θ の時間変化から γ を求めることができる．

角振動数 Ω の**強制振動力**（励振）を加えた場合，十分時間が経った後には

$$\theta = A \cos(\Omega t - \delta)$$

という回転単振動となる．ただし，いまの場合，振幅 A および強制振動力に対する位相の遅れ δ は任意ではなく，つぎのように与えられる．

$$A = \frac{\omega_0{}^2 B}{\sqrt{(\omega_0{}^2 - \Omega^2)^2 + 4\gamma^2\Omega^2}} = \frac{\omega_0{}^2 B}{\sqrt{[\Omega^2 - (\omega_0{}^2 - 2\gamma^2)]^2 + 4\gamma^2(\omega_0{}^2 - \gamma^2)}} \tag{3}$$

$$\delta = \tan^{-1} \frac{2\gamma\Omega}{\omega_0{}^2 - \Omega^2} \tag{4}$$

ここで B は強制振動力の強さに比例する．

（3）式によると，エキサイターの角振動数 Ω を振動体の固有角振動数 ω_0 に小さい方から近づけていくと，振動体の振幅 A はだんだんと大きくなり，$\Omega \sim \omega_0$ で最大値をとり，Ω を ω_0 よりさらに大きくすると A は再び小さくなっていく．このような現象を**共振**とよぶ．振幅 A の最大値 $\sim \dfrac{\omega_0 B}{2\gamma}$ は，減衰率 γ が大きいほど小さくなる．この共振現象を観察し，共振曲線のグラフにまとめる．

また（4）式によると，初期位相 δ はエキサイターの振動に対する振動体の位相のおくれを表し，Ω が ω_0 に向かって大きくなると，δ は 0 から $\pi/2$ に近づき，Ω が ω_0 を超えて大きくなると，δ は $\pi/2$ から π に近づいていく．位相のおくれは，この振動実験において直接目で確かめることができる．（図1aの⑤と⑥の指針の動きに注目せよ．）

参　考

実験装置は図1a，1bで示され，特にうず巻きばねの作動については図2に示される．図2に示すばねの一端 B は，トランスミッションレバー⑤と連接棒⑫を介してエキサイター（励振器）に接続され，また他端 A は回転振動体③に接続され，③に指針⑥が

とりつけてある.

　この振動を表す変数は，⑥ の振動体指針の静止の位置からの回転角 θ である. 角 θ だけ変位すると，それと反対向きに θ に比例した復元力のモーメント $-k\theta$ が働く（k は弾性係数）. ほかに何の力も働かなければ，振動体は回転単振動を行う. 実際には軸受けの摩擦や空気の抵抗などの力をうける. またこの実験では，制動コイルに電流 I_D を流して金属の振動体に磁場をかけ，電磁誘導によって振動体中にうず電流を発生させる. このうず電流が磁場から受ける力が摩擦力の働きをする. （うず電流によって発生するジュール熱が，摩擦熱に対応する.）これらの摩擦，空気抵抗などによって，減衰振動が起きる. そこで，これらの力を一括して抵抗力と呼ぶこととし，振動体の運動と反対向きに，その角速度 $\dfrac{d\theta}{dt}$ に比例した力のモーメント $-K\dfrac{d\theta}{dt}$ でそれを表す（K は抵抗係数）. したがって，振動体の慣性モーメントを I とすると，励振されない場合の運動方程式は

$$I\frac{d^2\theta}{dt^2} = -K\frac{d\theta}{dt} - k\theta$$

となるが，ふつう下のように書き直した式をもちいる.

$$\left.\begin{array}{c} \dfrac{d^2\theta}{dt^2} + 2\gamma\dfrac{d\theta}{dt} + \omega_0{}^2\theta = 0 \\[2mm] \gamma = \dfrac{K}{2I}, \quad \omega_0 = \sqrt{\dfrac{k}{I}} \end{array}\right\} \tag{5}$$

これの一般解は減衰振動を表し，（1）式で与えられる.

　強制振動力の加えられる場合は，図2のB端の角変位を θ_B とするとき，ばねの復元力のモーメントは，$\theta = \theta_B$ のとき0となるから，$-k(\theta - \theta_B)$ である（k は弾性定数）. したがって，強制振動力のモーメントは $k\theta_B$ となり，B端が振動 $\theta_B = B\cos(\Omega t)$ を行えば，$kB\cos(\Omega t)$ となる. これによって振動体は強制振動を起こす. ここで Ω は強制振動力の角振動数である.

　このような一般的な場合を考えると，振動体に対する運動方程式は

$$\frac{d^2\theta}{dt^2} + 2\gamma\frac{d\theta}{dt} + \omega_0{}^2\theta = \omega_0{}^2 B\cos(\Omega t) \tag{6}$$

となる. この方程式の解き方は物理学の教科書（原康夫著「物理学」1.6の強制振動と共振参照）にゆずる.

実施方法

（1）　配線および準備

　直流電源の 24 V の端子からエキサイターのモーター電源ソケット ⑨ へ，また 0～20 V の端子からうず電流ソケット ⑭ へ途中電流計（0～5 A）を入れて接続する. またエキサイターの電圧計ソケット ⑩ に電圧計（0～30 V）を接続する.

エキサイターの振動数 $f_{\text{exc}}(= \Omega/2\pi)$ を変えるには，モーターの回転速度制御電圧を調整つまみ ⑧ と ⑦ によって変化させて行う（本実験では，この較正曲線は用意してある）．

エキサイターの振動 B を調整するには，ガイドスロット（細長いみぞ穴）に固定してある連接棒のネジをゆるめ，連接棒の高さを上下する．最も高い位置のとき，振幅は最大となり，最も低い位置のとき最小となる（本実験では調整ずみ）．

振動体のつりあいの状態で，振動体の指針 ⑥ とエキサイターのレバーの指針 ⑤ がともにスケールの 0 を指すように，駆動ホイール ⑪ がセットされている．

（2） 減衰振動

制動コイルの電流 I_{D} を 0, 0.3 A とし，抵抗力の大きさを変えた場合の各々について，減衰振動の周期 T と減衰率 γ および固有振動数 f_0 を求める．

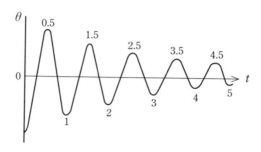

図 3

① 駆動ホイール ⑪ を左右に回して，回転振動体の指針 ⑥ を目盛のゼロ位置に合わせる．

② 振動の開始位置を常に同じにして（右側の 5.0 とする）周期 T，振幅 $|A(t)|$ を測定する．

③ 周期は指針 ⑥ が初めて左側の極大に振れた $n = 0.5$ から，または次に右の極大に振れた $n = 1$ から測りはじめ，減衰の度合に応じて数周期分の時間 T_n を測定する．（本実験では 4 周期分測定する．T' と T'' の差が大きいときは測定をやり直す．）

振幅は連続して数回分を，左右別々に測定する．特にこのとき，静止状態での振動体の指標がゼロ位置に合っているか注意する．

④ 周期 T は，計測した時間 T_n を振動の回数 n で割れば得られる．自由振動の振動数 $f_{\text{自由}}$ は周期 T の逆数である．

$$T = \frac{T_n}{n}, \ f_{\text{自由}} = \frac{1}{T}$$

⑤ $I_{\text{D}} = 0.3$ A の振幅のデータから，変位 θ の時間変化のグラフを描く（図 3 参照）．横軸には $t/T (= n)$ をとる．

⑥ 振幅のデータから減衰率 γ を次のように求める．

振動の回数 n を横軸にとり，振幅の絶対値の対数 $\ln|A(nT)|$ を縦軸にとって，グラフを作成する．このとき右振幅の n は整数値に，左振幅の n は半整数値にとる．

全てのデータ点が直線のまわりにうまくばらつくように，直線を引く．直線の傾き α

をグラフから求める．傾き α の絶対値を周期 T で割れば減衰率 γ が得られる．

$$\gamma = \frac{|\alpha|}{T}$$

つぎに固有振動数 f_0 は（2）式を 2π で割り，

$$f_{自由} = \sqrt{f_0{}^2 - \left(\frac{\gamma}{2\pi}\right)^2}, \quad ゆえに \quad f_0 = \sqrt{f_{自由}^2 + \left(\frac{\gamma}{2\pi}\right)^2}$$

から求められる．こうして得られた結果を I_D，$f_{自由}$，γ，f_0 のテーブルにまとめる．

γ の求め方の説明

減衰振動の一般解（1）から，減衰率を γ として，時刻 $t_n = nT$，$t_m = mT$ について，

$$\theta(t_n) = a\mathrm{e}^{-\gamma t_n}\cos(\omega t_n - \varphi)$$
$$\theta(t_m) = a\mathrm{e}^{-\gamma t_m}\cos(\omega t_m - \varphi)$$

これらから，$A(nT) = \theta(t_n)$，$A(mT) = \theta(t_m)$ と書いて

$$\frac{|A(nT)|}{|A(mT)|} = \frac{\mathrm{e}^{-\gamma t_n}}{\mathrm{e}^{-\gamma t_m}} = \mathrm{e}^{\gamma(t_m - t_n)}$$

両辺の自然対数をとると

$$\ln|A(nT)| - \ln|A(mT)| = \gamma(t_m - t_n), \quad ゆえに \quad \gamma = \frac{\ln|A(nT)| - \ln|A(mT)|}{t_m - t_n}$$

この振動の周期を T とすると，

$$t_m - t_n = (m-n)T \quad そうすると，\quad \gamma = \frac{\ln|A(nT)| - \ln|A(mT)|}{(m-n)T}$$

$\dfrac{\ln|A(nT)| - \ln|A(mT)|}{m-n}$ の n と m のいろいろな値についての平均値は n に対する

$\ln|A(nT)|$ のグラフの傾き $|\alpha|$ に対応する，ゆえに

減衰率 γ の平均値は

$$\gamma = \frac{|\alpha|}{T}$$

によって求められる．

参　考（今回は行わない）

I_D をさらに $1.0 \sim 2.0\,\mathrm{A}$ と大きくしていくと，すなわち抵抗力を大きくしていくと，減衰は**振動形**から**非振動形**に移る．その境目が**臨界減衰**である．これらを観察せよ．ただし，電流を $1.0\,\mathrm{A}$ 以上流すときは 1 分以内とし，それ以上流さないこと．

（3）　強制振動

エキサイターを作動させ，回転速度調整つまみ ⑧ および同微調整つまみ ⑦ によって，励振振動数 f_exc（以下単に f と書く）をだんだんと大きくしていく．固有振動数 f_0 の近くで強制振動特有の共振現象が現れる．

まず $I_D = 0.3\,\mathrm{A}$ として，モーターの回転速度制御電圧 V_{exc} を $5\,\mathrm{V}$ から $10\,\mathrm{V}$ まで変えることにより，f を $0.2\,\mathrm{Hz}$ から $0.8\,\mathrm{Hz}$ まで変化させ，振幅 A をスケールから読みとる．f を変化させてしばらくの間は振動が不安定であるから，安定になるのを待って測定を行う．特に共振点の近くでこの傾向が強いので注意を要する．つぎに I_D を $0.5\,\mathrm{A}$ にして，抵抗力の大きさを変えて同じ測定をくり返す（$0.5\,\mathrm{A}$ の実験を行うかは指示に従う）．

　以上の測定から共振曲線のグラフをかく．横軸には $\dfrac{f}{f_0}$ の値をとる．ここでは f_0 は先に求めた固有振動数である．縦軸には振幅の 2 倍 $2A = A_{\mathrm{R}} + A_{\mathrm{L}}$ をとる．

参　　考（今回は行わない）

　制動コイルの電流 I_D を $1.0\,\mathrm{A}$ 以上にして抵抗力を大きくすると，共振による振幅 A のピークが小さくなり，さらにはピークが現れなくなる．このことを観察せよ．また共振の前と後において，エキサイターの振動（指針⑤）に対する振動体の振動（指針⑥）の位相の遅れがいかに変化するかを観察せよ．

測　定　例

Ⅰ　減衰振動

（1）　$I_D = 0\,\mathrm{A}$　　　$n = 0$ のとき $|\theta| = |A(0)| = 5.0$, $\ln|A(0)| = 1.61$

左振幅

n	$|\theta| = |A(nT)|$	$\ln|A(nT)|$
0.5	4.8	1.57
1.5	4.7	1.54
2.5	4.6	1.53
3.5	4.4	1.48
4.5	4.2	1.44

右振幅

n	$|\theta| = |A(nT)|$	$\ln|A(nT)|$
1	4.8	1.57
2	4.6	1.53
3	4.5	1.50
4	4.4	1.48
5	4.2	1.44

$$T' = \frac{t_{4.5} - t_{0.5}}{4} = \cdots = 1.83\,\mathrm{s} \qquad T'' = \frac{t_5 - t_1}{4} = \cdots = 1.79\,\mathrm{s}$$

$$\text{周期 } T = \frac{T' + T''}{2} = \cdots = 1.81\,\mathrm{s}$$

グラフの傾き $\quad |\alpha| = \dfrac{b}{a} = \cdots = 0.0355$

減衰率 $\qquad \gamma = \dfrac{|\alpha|}{T} = \cdots = 0.0196\,\mathrm{s}^{-1}$

振動数 $\qquad f_{自由} = \dfrac{1}{T} = \cdots = 0.552\,\mathrm{Hz}$

固有振動数 $\quad f_0 = \sqrt{f_{自由}^2 + \left(\dfrac{\gamma}{2\pi}\right)^2} =$

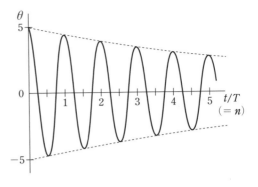

(2) $\quad I_\mathrm{D} = 0.3\,\mathrm{A}$

$\qquad$（上と同じ）

II 強制振動

(1) $\quad I_\mathrm{D} = 0.3\,\mathrm{A},\quad f = ($ $)\cdot V_\mathrm{exc} + ($ $)$

V_exc	5.0	5.5	6.0	6.5	6.8	7.0	7.2	7.5	7.8	8.0	8.2	8.5	9.0	9.5	10.0
A_R															
A_L															
$2A$ $= A_\mathrm{R} + A_\mathrm{L}$															
f/f_0															

(2) $\quad I_\mathrm{D} = 0.5\,\mathrm{A}$ についても同様（時間があれば行う）.

共振曲線

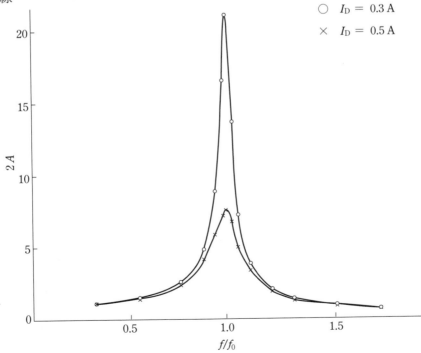

付録　誤　差　論

1．ガウスの誤差曲線

　測定における誤差 $\xi = x - X$ は，経験的に次のような特徴をもっている．すなわち，測定回数を多くしていったとき，

（1）　同じ絶対値で正と負の誤差は等しい確率で現れる．

（2）　絶対値の小さい誤差のほうが大きい誤差より多く起こる．

（3）　絶対値がある程度大きい誤差は，実際上起こらない．

このような事実に基づいて，ガウスは誤差の確率分布が図1のようになることを理論的に導いた．このような分布を**正規分布**，または**ガウス分布**とよぶ．

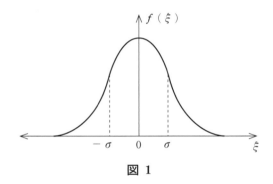

図 1

$$f(\xi) = \frac{1}{\sqrt{2\pi\sigma^2}}\, e^{-\xi^2/2\sigma^2}$$

σ：標準偏差

$$\int_{-\infty}^{\infty} f(\xi)\, d\xi = 1$$

この曲線は $\xi = 0$ でピークをもち，その高さは $f(0) = 1/\sqrt{2\pi\sigma^2}$ である．また $\xi = 0$ に関して左右対称であって，$\xi = \pm\sigma$ のとき $f(\pm\sigma) = f(0)e^{-1/2}$ すなわちピークの高さの $e^{-1/2} = 0.607$ 倍である．したがって，σ の値が小さいほど曲線のピークの高さが大きく，幅が狭くなり，測定が精密に行われたことを意味する．

　この誤差曲線（ガウス分布）は，測定が無限回行われた極限において現れるもので，もちろん実際に行われる有限回の測定値の分布とは異なる．しかし，これら有限個の分布から最確値およびその信頼度を推定する根拠としてガウス分布を採用することにする．算術平均値 $\bar{x}$ が最確値を与えることは，後で述べる最小2乗法によることにして，ここでは信頼度の目安となる3つの量，平均誤差，標準偏差および確率誤差について述べる．

（a）　平均誤差 δ

これは誤差 ξ の絶対値を平均したもので，ガウス曲線は原点に対して左右対称であるから，次のようになる．

$$\delta = \frac{1}{n}\sum_{i=1}^{n}|\xi_i| \xrightarrow[n\to\infty]{} 2\int_{-\infty}^{\infty}\xi f(\xi)\,\mathrm{d}\xi = \frac{2}{\sqrt{2\pi\sigma^2}}\int_{-\infty}^{\infty}\xi\mathrm{e}^{-\xi^2/2\sigma^2}\,\mathrm{d}\xi = \sqrt{\frac{2}{\pi}}\,\sigma = 0.798\sigma$$

（b）　標準偏差 σ

$$\sigma^2 = \frac{1}{n}\sum_{i=1}^{n}\xi_i{}^2 \xrightarrow[n\to\infty]{} \int_{-\infty}^{\infty}\xi^2 f(\xi)\,\mathrm{d}\xi = \frac{1}{\sqrt{2\pi\sigma^2}}\int_{-\infty}^{\infty}\xi^2\mathrm{e}^{-\xi^2/2\sigma^2}\,\mathrm{d}\xi = \sigma^2$$

$\pm\sigma$ の範囲に真直が含まれる確率は 68 % である．（$\pm2\sigma$ の範囲なら確率は 95 % になる．）

（c）　確率誤差 γ

これは ξ 軸と誤差曲線によって囲まれる面積が，$\xi = \pm\gamma$ によってその内側と外側とを 2 等分される（$\pm\gamma$ の範囲に真値が含まれる確率は 50 %）．すなわち，

$$\int_{-\gamma}^{\gamma}f(\xi)\,\mathrm{d}\xi = \frac{1}{\sqrt{2\pi\sigma^2}}\int_{-\gamma}^{\gamma}\mathrm{e}^{-\xi^2/2\sigma^2}\,\mathrm{d}\xi = \frac{1}{2}$$

から γ を求める．確率積分の数値表から，$\gamma = 0.6745\sigma$ となる．

いま求めた δ, σ, γ のことを通常，**誤差** Δx とよんでいる（前に定義した誤差 ξ と区別するため，**特性誤差**とよぶことがある）．

以上は測定値がガウス曲線の上にのると仮定したが，実際の測定ではそうはならず，平均値も真値とは異なる．真値 X はわからないから，X の代りに平均値 $\bar{x}$ をとって，誤差 $\xi_i = x_i - X$ の代りに**残差** $d_i = x_i - \bar{x}$ を用いることにする．まず次の関係が成り立つ[1]．

$$\frac{1}{n}\sum_i\xi_i{}^2 = \frac{1}{n-1}\sum_i d_i{}^2$$

したがって，残差 $d_i = (x_i - \bar{x})$ を用いると，σ の推定値は，

---

1)　$\xi_i = x_i - X = (x_i - \bar{x}) + (\bar{x} - X) = d_i + (\bar{x} - X)$

$$\sum_i\xi_i{}^2 = \sum_i\{d_i + (\bar{x} - x)\}^2 = \sum_i d_i{}^2 + 2\sum_i d_i(\bar{x} - X) + \sum_i(\bar{x} - X)^2$$

ここで，定義により，$\sum_i d_i = 0$，$\sum_i(\bar{x} - X)^2 = n(\bar{x} - X)^2$ だから，

$$\sum_i\xi_i{}^2 = \sum_i d_i{}^2 + n(\bar{x} - X)^2$$

さらに，$(\bar{x} - X)^2 = \left(\frac{1}{n}\sum_i x_i - X\right)^2 = \left(\frac{1}{n}\sum_i(x_i - X)\right)^2 = \frac{1}{n^2}\left(\sum_i\xi_i\right)^2$

$$= \frac{1}{n^2}\left(\sum_i\xi_i{}^2 + \sum_i\sum_{\substack{j\\(i\neq j)}}\xi_i\xi_j\right) \simeq \frac{1}{n^2}\sum\xi_i{}^2$$

ここで，$\sum_i\sum_j$ の項は消えるとした．そうすると，

$$\sum_i\xi_i{}^2 = \sum_i d_i{}^2 + \frac{1}{n}\sum_i\xi_i{}^2, \quad\text{ゆえに，}\quad \frac{1}{n}\sum_i\xi_i{}^2 = \frac{1}{n-1}\sum_i d_i{}^2$$

これは，d_i に対して $\sum d_i = 0$ という関係があって，$d_i (i = 1, 2, \cdots, n)$ のうち独立なものが $n-1$ 個であることによる．

$$\sigma = \sqrt{\frac{\sum\limits_i (x_i - \bar{x})^2}{n-1}}$$

となる.

　以上の σ は，個々の測定値 x のばらつきに関するもので，それらの平均値 $\bar{x}$ に関して，それに対する誤差はもっと小さくなるはずである．なぜなら，多数回の測定を何組か行い，各組の平均値をとってプロットすると，それらの点は，個々の測定値のばらつきより狭い範囲に分布しているはずである．平均値のばらつきに関する標準偏差 σ_m は個々の測定値の標準偏差 σ と

$$\sigma_m{}^2 = \frac{\sigma^2}{n}$$

の関係がある．したがって，σ_m およびそれに対する γ_m は

$$\sigma_m = \sqrt{\frac{\sum\limits_i (x_i - \bar{x})^2}{n(n-1)}}, \quad \gamma_m = 0.6745 \sqrt{\frac{\sum\limits_i (x_i - \bar{x})^2}{n(n-1)}}$$

となる．測定の結果は，誤差 Δx として σ_m または γ_m を用いて

$$\bar{x} \pm \sigma_m \qquad \text{または} \qquad \bar{x} \pm \gamma_m$$

と記されることになる.

2. 最小 2 乗法

（1） 同じ量 x を多数回測定する場合

　えられた値の平均値をとれば，それが真値に近づくというのはいかなる根拠によるものか．これも測定値の分布がガウス分布になることを仮定してのことである．

　量 x の測定値を $x_1, x_2, \cdots, x_n$ とする．それらに対する誤差が ξ_i と $\xi_i + d\xi_i$ の間に現れる確率は（各々の測定は独立事象と考えて），

$$\left(\frac{1}{\sqrt{2\pi\sigma^2}}\right)^n e^{-\frac{1}{2\sigma^2}(\xi_1{}^2 + \xi_2{}^2 + \cdots + \xi_n{}^2)} \, d\xi_1 \, d\xi_2 \cdots d\xi_n$$

となる．実際にこのような誤差が現れたのは，**その確率が最大であったからである.**

　真値 X を x でおきかえて，

$$S = \xi_1{}^2 + \xi_2{}^2 + \cdots + \xi_n{}^2$$
$$= (x_1 - x)^2 + (x_2 - x)^2 + \cdots + (x_n - x)^2 = \text{最小}$$

となるような x の値が最確値である．それによると，$x_1, x_2, \cdots, x_n$ から最確値 x を求めるには，誤差の 2 乗の和が最小になるようにすればよい．そこでこの方法を最小 2 乗法とよぶ．真値 X のところを x とかいて，

$$\frac{d}{dx}\left\{\sum_i (x_i - x)^2\right\} = 0$$

から，$\sum\limits_i (x_i - x) = 0$

したがって，$x = \dfrac{x_1 + x_2 + \cdots + x_n}{n} = \bar{x}$

すなわち，最確値 x は算術平均値 $\bar{x}$ で与えられる．

（2）　ある量 y が他の量 x の 1 次関数になっている場合（$y = a + bx$）

　これら 2 つの量を測定して，x_i, y_i の対を n 回測定し，得られた値をグラフ用紙にプロットし，その結果 x と y との間に直線関係 $y = a + bx$ が認められたとする．われわれの目的は，これらの測定値から a と b の最確値を求めることである．

　各 x_i の値に対して $y = a + bx_i$ を真値とみなし，測定値 y_i との誤差の 2 乗の和を最小にするように a，b の値を求める．

$$\xi_1 = y_1 - a - bx_1, \quad \xi_2 = y_2 - a - bx_2, \quad \cdots\cdots$$

$$\chi^2 = \sum_{i=1}^{n} (y_i - a - bx_i)^2 = 最小$$

そのため，

$$\frac{\partial \chi^2}{\partial a} = -2 \sum_i (y_i - a - bx_i) = 0$$

$$\frac{\partial \chi^2}{\partial b} = -2 \sum_i x_i (y_i - a - bx_i) = 0$$

これらをまとめると，

$$\left. \begin{array}{l} na + \left(\displaystyle\sum_i x_i \right) b = \displaystyle\sum_i y_i \\[2mm] \left(\displaystyle\sum_i x_i \right) a + \left(\displaystyle\sum_i x_i{}^2 \right) b = \displaystyle\sum_i x_i y_i \end{array} \right\}$$

これから a と b について解くと，

$$a = \frac{1}{\varDelta} \begin{vmatrix} \sum_i y_i & \sum_i x_i \\ \sum_i x_i y_i & \sum_i x_i{}^2 \end{vmatrix} = \frac{1}{\varDelta} \left(\sum_i x_i{}^2 \sum_i y_i - \sum_i x_i \sum_i x_i y_i \right) \tag{A}$$

$$b = \frac{1}{\varDelta} \begin{vmatrix} n & \sum_i y_i \\ \sum_i x_i & \sum_i x_i y_i \end{vmatrix} = \frac{1}{\varDelta} \left(n \sum_i x_i y_i - \sum_i x_i \sum_i y_i \right) \tag{B}$$

$$\varDelta = \begin{vmatrix} n & \sum_i x_i \\ \sum_i x_i & \sum_i x_i{}^2 \end{vmatrix} = n \sum_i x_i{}^2 - \left(\sum_i x_i \right)^2 \tag{C}$$

これらが最小 2 乗法でもとめた a と b の最確値である．

　このようにして求めた a と b のそれぞれの誤差を求めておく必要がある．これには誤差の伝播の式を用いる．a と b を $y_1, y_2, \cdots, y_n$ の関数とみなし，各 y_i の標準偏差をすべての y_i について同じ σ とすると，

$$\sigma_a{}^2 = \sum_{i=1}^{n} \left(\frac{\partial a}{\partial y_i} \right)^2 \sigma^2$$

$$= \frac{\sigma^2}{\varDelta} \sum_i \left[\frac{\partial}{\partial y_i} \left(\sum_j x_j^2 \sum_j y_j - \sum_j x_j \sum_j x_j y_j \right) \right]^2$$

$$= \frac{\sigma^2}{\varDelta} \sum_i \left[\sum_j x_j^2 - x_i \sum_j x_j \right]^2$$

$$= \frac{\sigma^2}{\varDelta} \sum_i \left[\left(\sum_j x_j^2 \right)^2 - 2x_i \sum_j x_j^2 \sum_j x_j + \left(\sum_j x_j \right) \right]$$

$$= \frac{\sigma^2}{\varDelta} \sum_i x_i^2 \left[n \sum_j x_j^2 - \left(\sum_j x_j \right)^2 \right]$$

$$= \frac{\sigma^2}{\varDelta} \sum_i x_i^2 \tag{D}$$

同様に

$$\sigma_b^2 = \sum_i \left(\frac{\partial b}{\partial y_i} \right)^2 \sigma^2$$

$$= \frac{\sigma^2}{\varDelta} \sum_i \left[\frac{\partial}{\partial y_i} \left(n \sum_j x_j y_j - \sum_j x_j \sum_j y_j \right) \right]^2$$

$$= \frac{\sigma^2}{\varDelta} \sum_i \left[nx_j - \sum_j x_j \right]^2$$

$$= \frac{\sigma^2}{\varDelta} \sum_i \left[n_2 x_i^2 - 2nx_i \sum_j x_j + \left(\sum_j x_j \right) \right]$$

$$= \frac{\sigma^2}{\varDelta} n \left[n \sum_j x_j^2 - \left(\sum_j x_j \right)^2 \right]$$

$$= \frac{\sigma^2}{\varDelta} n \tag{E}$$

ここで

$$\sigma^2 = \frac{1}{n-2} \sum_{i=1}^{n} (y_i - a - bx_i)^2 \tag{F}$$

である.

例 熱の仕事当量 J を求める実験において，時間と水温との関係をグラフにかいたが，そのうち 5〜10 分間についてグラフの傾きを最小 2 乗法によって求めると次のようになる.

$$y = a + bx$$

ここで，

y：水温（℃）

x：時間（min）

a：グラフと縦軸との切片（℃）

b：グラフの傾き（℃/min）

a と b を公式（A），（B），（C）から求めると，

$$a = 23.40 \,℃, \quad b = 0.685 \,℃/min$$

時 間 分 秒	水 温 °C
5.00	26.90
.30	27.10
6.00	27.50
.30	27.80
7.00	28.20
.30	28.50
8.00	28.90
.30	29.30
9.00	29.60
.30	29.90
10.00	30.20

となり，この b の値は，グラフから直接読み取った値（p.24）の $3.40/5.00 = 0.68\,°C/min$ とほとんど一致する．なお，それらの標準偏差は，公式（D），（E），（F）から，

$$\sigma_a = 0.08\,°C, \qquad \sigma_b = 0.010\,°C/min$$

となる．

化学実験編

基礎工学実験《化学実験》注意事項

① 実験は，テーマ１　定性分析
　　　　　　テーマ２　気体の発生反応と状態方程式
　　　　　　テーマ３　鉄の酸化還元反応
　　　　　　テーマ４　酸と塩基，酸性と塩基性
　　　　　　テーマ５　水の電気分解と燃料電池
の５テーマについて行う．

② 第１回目は指示された実験テーマを行い，次回からは下記の順序に従う．
　　【テーマ１からスタート】１→２→３→４→５
　　【テーマ２からスタート】２→３→４→５→１

③ 実験台は実験ごとに座席表に基づいて使用する．

④ 実験器具は各自の実験台にあるものを使用する．実験の前後に器具の点検を行う．器具の有無は指定の用紙に記入する．このとき，不足しているものがあれば届け出て補充をする．器具の賃借は行ってはならない．

⑤ レポートは指定の用紙に記入する．テキストと実験中のメモを参考に，各実験の報告事項と考察を記す．

⑥ レポートは実験日の翌週の実験開始までにレポート提出箱へ提出する．提出日が休日の場合は翌々週の実験日に提出する．

1. 化学実験の目的

　自然科学において，現象を観察し，その仕組みを理解するという点で，実験はとても重要なものである．本化学実験で行う学習実験は，新しい事実や法則の発見を目的とする研究実験と同じ態度と心構えを養うためのものである．

　ここで化学の学習実験がどのような性格をもっているかについて簡単に述べておこう．

（1）　過去の研究により確立されている事実を自ら実験によって確かめ，かつ実験の精度と法則の適用範囲などについて具体的な知識を得る．

（2）　1つの実験には（1）で述べたような基本法則が事実と共に総合したかたちで組み込まれている場合が多い．1つの実験の項目の中にはいろいろな化学操作が組み込まれているが，個々の操作は化学や物理の講義で学んだ基本事項の応用である．実験を行うにあたっては基本原理を理解しながら行うことが必要である．また，使用する実験器具の構造などについて十分に考慮しながら実験を行わなければならない．

（3）　化学の特徴のひとつは化学反応を取り扱う点にあり，ここで取り上げられている実験テーマは，いずれも化学反応とその解析を内容としている．目に見える変化としては，沈殿の生成や溶解，発熱や発色，ガス発生など単純な定性的な現象であるが，微視的レベルでみると化学結合の生成や，原子やイオンの組替えというとても複雑な事柄である．これらの現象を忠実に追跡することによって，実験から本質を明らかにし理解することができる．

2. 化学実験の実際的注意

（1）　実験室内の秩序の維持に努めること．

　　実験室は共有の場所である．したがって，実験者一人一人は，実験のエチケットを守って，身勝手な行動をとったり，無責任な行為をすることなく，あくまで共有の学問の場として，そこで行う実験を通して化学の諸現象を互いに探求できるように心がけなければならない．

①　実験室へ来たら，すぐに実験台を雑巾で拭いておく．

②　実験が終わったならば，ガラス器具を洗浄し，机を清掃する．薬品，器具は所定の位置に整頓する．

③　実験台の上へ実験に必要のない物を出しておいてはいけない．器具，薬品を乱雑にすると，実験を妨げるばかりでなく事故を起こしやすい．また，次に実験をする人に迷惑がかからないよう，洗浄と片付けをしっかりと行うこと．

（2）　必ず十分に予習し，操作の意味をよく理解して出席すること．

　　あらかじめその実験の目的や操作の意味をよく理解して行い，結果は整理して十分検討すること．

（3）　設備，薬品，器具を大切にすること．

①　流しは，詰まらないように十分に注意すること．ろ紙，綿，ガラスくず等は，流

しに捨ててはならない．マッチのかすやガラスくずは，決められた容器に入れる．

② 器具，特に天秤，目盛付器具などは，大切に取り扱うこと．破損したら，直ちに届け出て補充すること．

③ 一旦，試薬ビンから出した試薬は，戻さないこと．試薬は，少量ずつ使い無駄にしないこと．

④ 水道水と蒸留水を使いわけること．（本文での『水』とは基本的に『蒸留水』のことである．）

（4） 火災（ガス，マッチ，電気の後始末），傷害（爆発，腐食，ガス中毒）の防止に努めること．

3. 化学実験で用いる基本的な値とその計算

化学実験では，以下の基本的な計算が必要になる．また，必要に応じて，化学の参考書などでも自習するとよい．

◆分子量，式量，モル質量

分子量：分子式に含まれる元素の原子量の総和

計算例：C_2H_5OH の分子量

$$\underset{\text{C の原子量}}{(\underline{12.0}\times2)} + \underset{\text{H の原子量}}{(\underline{1.0}\times6)} \times \underset{\text{O の原子量}}{(\underline{16.0}\times1)} = 46.0$$

式量：化学式（主として組成式やイオン式）に含まれる元素の原子量の総和

計算例：NaOH の式量

$$\underset{\text{Na の原子量}}{(\underline{23.0}\times1)} + \underset{\text{H の原子量}}{(\underline{1.0}\times1)} \times \underset{\text{O の原子量}}{(\underline{16.0}\times1)} = 40.0$$

また，原子量，分子量，式量に g/mol 単位をつけると，その物質 1 mol あたりの質量を表す**モル質量**となる．

◆物質量と質量の関係

物質量[mol] ＝ 質量[g]÷モル質量[g/mol]

計算例：92 g のエタノール（C_2H_5OH）の物質量

$$92\,\text{g} \div 46.0\,\text{g/mol} = 2.0\,\text{mol}$$

◆溶液の濃度

質量パーセント濃度：溶液の質量に対する溶質の質量の割合を百分率で表した濃度

質量パーセント濃度[%] ＝（溶質の質量[g]÷溶液の質量[g]）×100

溶液の質量は溶媒と溶質の質量の和であることに注意

計算例：水 100 g に NaCl を 25 g 溶かした水溶液の質量パーセント濃度

$$25\,\mathrm{g} \div (100 + 25)\,\mathrm{g} \times 100 = 20\%$$

モル濃度：溶液 1 L あたりに含まれる溶質の物質量を表す濃度

$$モル濃度[\mathrm{mol/L}] = 溶質の物質量[\mathrm{mol}] \div 溶液の体積[\mathrm{L}]$$

計算例：NaOH 40 g（1.0 mol）が溶けている体積 500 mL の溶液のモル濃度

$$1.0\,\mathrm{mol} \div 0.500\,\mathrm{L} = 2.0\,\mathrm{mol/L}$$

テーマ1 定性分析

目的

数種類の陽イオンについての化学反応と定性分析法を学ぶ.

1.1 解説

化学分析には大別して，定性分析と定量分析がある．定性分析は，与えられた物質がどのような元素あるいは元素群からできているかを知るのが目的である．含まれているものが何であるかを確認しないで，いきなり量を求めても共存する成分による思わぬ妨害のため誤りを犯すことがある．そこで，未知物質に対する化学分析操作のうちで，定性分析はまず最初にすべきものである.

物質の検出と確認には，いろいろな方法が用いられる．もし試料が単一であれば，色，比重，結晶系，融点，沸点，硬度，溶解度などの物理的性質，あるいは炎色反応などの簡単な操作によって確認をすることができるが，いくつかの物質が混在するときには，そのままでは各々を検出することが難しい．そこで，定性分析では通常与えられた試料を適当な方法で溶液とし，これを化学反応を利用していろいろな方法，操作で分離してから検出，確認する方法がとられる.

定量分析は試料を構成する各成分の量的関係を調べるのが目的である．定性分析，定量分析は，その操作，化学反応ともに意味が違うので，両者は分析化学上それぞれ独自の重要性をもつものである．多種類のイオンに共通な作用を示す試薬を用いて順に沈殿させて分離を行い，数個の小群(類)に分割するのが早道である．このような目的に使用される試薬を分類試薬という．また，このような分析法を系統的分析法と呼ぶことがある．分類試薬によって各類に分けた後，各類について適当な試薬を作用させてさらに細別する．最後に用いる試薬は各イオンのみと反応する試薬であることが望ましいが，このような試薬は常に存在するとは限らない．しかし少数のイオンと類似反応を示す試薬であっても，それらのイオン(妨害イオン)をあらかじめ確実に分離した後であれば，確認反応に利用することができる．このような目的に用いられる試薬を総称して確認試薬といい，これらの反応を確認反応という．系統的な分析を行わないで原検液に直接特異試薬を用いて個々のイオンを確認する方法があれば理想的である．なお，全陽イオンの系統的分析法は他の書を参照されたい.

1.2 セミミクロ分析操作法

セミミクロ分析(半微量分析)に使用する器具は，マクロ分析より小規模でいくらか異

なっているが操作法はマクロ分析の場合とほとんど変わらない．ただ，細かい操作を多く行うので一層綿密な注意が必要である．まず，セミミクロ分析法の基本操作を適当な例によって練習して，微量の沈殿や少量のろ液（分離液）でもおろそかにせぬように綿密な操作と観察力を養うことが大切である．

1.3　沈　　殿
（1）　沈殿反応

　化学分析においては，沈殿反応によって特定のイオンを他から分離したり，またはその存在を確認する．分離を目的とするときには，できるだけ完全に沈殿させなければならない．そのため実際にはさらに試薬を加えても，もはやそれ以上新しく沈殿が生じなくなったことを確かめる．すなわち，まず2,3滴の試薬を検液に滴下してよく撹拌した後，沈殿が沈降するのを待って（必要ならば遠心分離する），その上澄液に試薬を1滴加えたとき新しく沈殿が生じるか否かを観察する訳である．多量の試薬を一度に加えてはならない．その理由は，反応の種類によって過剰の試薬のために一端できた沈殿が再び溶解することがあるからである．確認反応のときは，検液（希薄なときには濃縮した後）をよく撹拌しながら試薬を滴下しさらに撹拌する．このようにして局部的には試薬が過剰にならないように注意する．生成する沈殿の観察を容易にするために，防水性の白色板あるいは黒色板のいずれかの上に時計皿をのせて，この中で沈殿反応を試みるのがよい．沈殿が過剰の試薬に溶解する場合には，ごく少量の試薬を十分に注意しながら加えるか，あるいは前もって水で希釈した試薬を使用する．沈殿が過剰の試薬に溶解することを観察したいときは，沈殿管に試薬の方をまず入れておいて，後からその上へ検液を滴下するとよい．

（2）　溶解度積

　沈殿が溶解度の小さい難溶性電解質である場合には，溶解度積[*1]の法則が適用できる．一般に難溶性の電解質 A_nB_m は次のように電離する．

$$A_nB_m（沈殿）\rightleftharpoons nA^{m+} + mB^{n-}$$

溶けている電解質は完全電離しているものとみなし，イオンのモル濃度（mol/L）をそれぞれ $[A^{m+}]$ と $[B^{n-}]$ で表す．このとき溶解度積 K_{sp} は次式で定義される．

$$K_{sp} = [A^{m+}]^n[B^{n-}]^m$$

ここで溶解度積は電離定数に相当する量であるから，一定の温度と圧力の下では共役な両イオンのいかんにかかわらず常に一定値とならなければならない．これを溶解度積の法則という．主な化合物の溶解度積を表1に示した．さて，もしも $[B^{n-}]$ が他の電解質から供給されて過剰になった場合にも溶解度積は一定不変でなければならないから，それに応じて $[A^{m+}]$ が当量より過剰のときには $[B^{n-}]$ がそれだけ減少する．このように，いずれ

[*1]　「溶解度積（solulity product）」を「溶解積」と記述する場合もある．地球科学分野では溶解積を使用することが多い．ここでは化学の正式用語である溶解度積を用いる．

か一方のイオンが過剰に存在するために，その相手のイオンの濃度が減少することを**共通イオン効果**と呼んでいる．沈殿反応を行うときに試薬を理論量よりも少しだけ余分に加える理由は，この共通イオン効果を利用して特定のイオンのみをなるべく完全に沈殿させるためである．また，沈殿を洗う操作として沈殿させるために用いた試薬を少量含んだ水で行うことがよくあるのは，同じ理由から沈殿が溶解し去るのを防ぐためである．しかし，必要以上に大過剰の試薬を用いることは絶対に避けなければならない．その理由は，錯イオンの形成などの副反応を引き起こし，沈殿の溶解度がかえって大きくなることがあるからである．参考までに付記すると，共通でないイオンの存在によって相手のイオンの有効濃度（活動度という）はわずかに減少する．その結果，沈殿の溶解度が少しだけ増大することになるが，その影響は普通無視している．

表1　25℃の水に対する溶解度積[*2]

化合物	溶解度積	化合物	溶解度積
$AgCl$	1.8×10^{-10}	$MgCO_3$	6.8×10^{-6}
AgI	8.5×10^{-17}	$Mg(OH)_2$	5.6×10^{-12}
$Al(OH)_3$	1.9×10^{-32}	$MnCO_3$	2.2×10^{-11}
$BaCO_3$	2.6×10^{-9}	$Mn(OH)_2$	2.1×10^{-13}
$Ba(OH)_3$	5.0×10^{-3}	$Ni(OH)_2$	5.5×10^{-16}
$BaSO_4$	1.1×10^{-10}	$PbCl_2$	1.2×10^{-5}
$CaCO_3$	5.0×10^{-9}	$PbCrO_4$	2.8×10^{-13}
$Cu(OH)_3$	1.6×10^{-19}	$Pb(OH)_2$	1.4×10^{-20}
CuS	1.3×10^{-36}	PbS	9.0×10^{-29}
$Fe(OH)_3$	4.9×10^{-17}	$ZnCO_3$	1.2×10^{-10}
$Fe(OH)_3$	2.6×10^{-39}	$Zn(OH)_2$	4.1×10^{-17}
FeS	1.6×10^{-19}	ZnS	2.9×10^{-25}

（3）沈殿の分離（遠心分離）

セミミクロ分析では，普通ろ過のかわりに遠心分離を行う．

遠心分離によると，

（1）沈殿と液の分離が迅速に行われる．

（2）沈殿が圧縮されるので，少量の沈殿でも容易に観察できる．

[*2] 溶解度積の単位は，化合物によって異なる．化合物が，A_nB_m の化学式であるとすると単位は $(mol/L)^{n+m}$ となる．たとえば，$AgCl$ では $(mol/L)^2$，$Al(OH)_3$ では $(mol/L)^4$ となる．

（3）　沈殿の量を概測できる．

などの利点がある．遠心分離を行うには，反応液を入れた沈澱管と同量の水を入れたもう1つの沈澱管とを釣り合わせる．これは回転による振動を防ぐためである．多くの場合，手動式遠心分離機を約20秒間回せば分離が終わる．遠心分離した上澄液はろ液に相当するもので遠心分離液といわれるが，ここでは分離液ということにする．

（4）　分離液の取り出し方

　分離液を取り出すには，図1のようにパスツールピペット[*3]の先を沈殿のわずか上に達するまで差入れて沈澱を乱さないように注意しながら静かに吸い上げてから，別の容器に移す．最後に残った微量の液は，沈殿管を左右どちらかに傾けて液滴を寄せたものを細かいパスツールピペットで吸い上げるか，または毛細管現象を利用して取り除くとよい．また洗液や浸出液についても同じようにして取り出す．

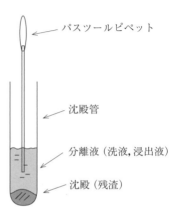

パスツールピペット

沈殿管

分離液（洗液，浸出液）

沈殿（残渣）

図1

（5）　沈殿の移し方

　沈殿または浸出残渣を移し替えるには，小さいガラス棒か耳かきに似たガラススパーテルを用いて行ってもよいが，それに続いて試薬または洗浄液を加える場合には次のように行うとよい．沈殿，または残渣をこれらの液とともに撹拌しながらパスツールピペットに全体を吸い上げて他の容器に移す．

（6）　沈殿の洗浄

　沈殿には母液が付いていて他のイオンによって汚れているので，沈殿のみを純粋に分離するためにその洗浄が常に必要である．

　沈殿の洗浄は上澄液を分け取った後の沈殿に洗浄液（水または沈殿させるために用いた試薬を少量含む水）を滴下しよく撹拌してから遠心分離する．上澄液（洗液）をパスツールピペットで吸い取り，残留する沈殿に新たに洗浄液を加えて同様な操作を繰り返す．洗浄液は普通2，3滴ずつでよく，また洗浄の回数は2，3回で十分である．

（7）　沈殿の溶解と浸出

　セミクロ分析では沈殿を溶解させる場合の操作を浸出というが，沈殿を移し替えないで行う．沈殿管の底に付着した沈殿の上へ試薬を滴下して溶解させる．このとき，必要ならば撹拌する．沈殿の混合物から，ある沈殿のみを溶出させる場合，浸出には指示された試薬の濃度，分量および冷熱の程度などを正しく守って行われなければならない．たとえ

[*3]　パスツールは19世紀のフランスの有名な化学者・細菌学者である．その名に因んだガラス器具で，通常はディスポーザルユース（使い捨て使用）であるが，本学生実験では資源の無駄遣いを避けるため繰り返し使用する．

ば，薄い酸に溶解させよとあるのに，もしも濃い酸を加えるならば，不溶のままに止めておきたい他の沈殿までが溶出されてしまうことになる．あるいは，どんな不溶性の他の沈殿でも，ある程度の溶解度（溶解度積の範囲内）をもつので，あまり多量の溶媒を使用すれば，その沈殿の溶解を引き起こすことになる．また，冷時に不溶のものでも熱時には溶解することがあるなどが挙げられる．沈殿を浸出するには，浸出用の試薬を滴下し，適当な温度でしばらく十分に撹拌してから遠心分離を行う．ここに得られた上澄液（浸液）をパスツールピペットで吸い取る．特に加熱を必要とする浸出を温浸という．また，浸出後残った沈殿を残渣という．

1.4 錯 生 成 反 応

Cu^{2+} の水溶液にアンモニア水を少し加えると，淡青色の $Cu(OH)_2$ の沈殿ができるが，さらに加えると，濃い青色の溶液となる．この色は $[Cu(NH_3)_4]^{2+}$ の色である．このイオンは，Cu^{2+} に 4 個の NH_3 分子が結合（配位結合）したイオンである．このようなイオンを錯イオンといい，錯イオンと対イオンからなる化合物を錯体という．同様な反応は他のイオンにもみられる．

$$Cu^{2+} + 4\,NH_3 \longrightarrow [Cu(NH_3)_4]^{2+}$$
$$Ni^{2+} + 6\,NH_3 \longrightarrow [Ni(NH_3)_6]^{2+}$$
$$Zn^{2+} + 4\,NH_3 \longrightarrow [Zn(NH_3)_4]^{2+}$$
$$Ag^{+} + 2\,NH_3 \longrightarrow [Ag(NH_3)_2]^{+}$$

錯イオンはふつう遷移元素の金属イオンに分子（H_2O，NH_3 など）あるいは陰イオン（Cl^-，OH^-，CN^-，NO_2^- など）が配位結合したイオン（陽イオンもあり，陰イオンもある）であって，中心の金属イオンに配位する分子やイオンを配位子という．錯イオンをつくる配位子の数は 4，または 6 が多い．4 配位の銅の錯イオンは平面正方形構造で，6 配位の錯イオンは正八面体構造である．配位子がその中の 2 個，または 2 個以上の原子で中心金属イオンに配位するものがある．ニッケルの分析試薬であるジメチルグリオキシムはその例で，錯イオンの中に環の構造（キレート環）ができる．

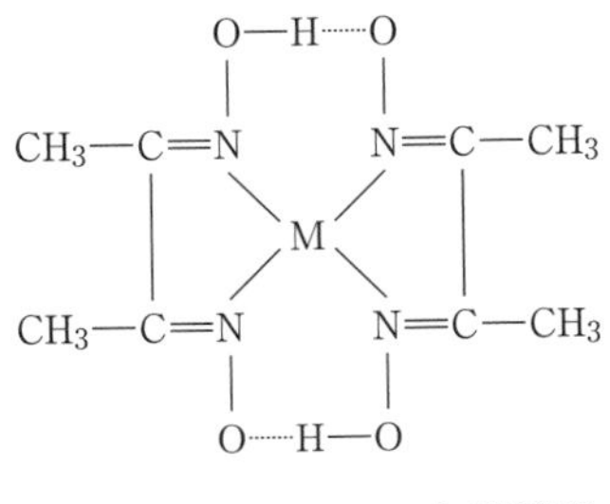

図2 ジメチルグリオキシムのキレート環構造（M：金属イオン）

1.5　その他の操作
（1）　加熱による煮沸と蒸発

　加熱および蒸発は，水浴中で行うのが安全である．直火による加熱は，突沸して液など を飛散させたり，熱くなって指で持ち切れなくて落としたりしやすい．直火で加熱すると きは，まず管の上部から熱しはじめ，次第に下部の方へ移すのがよい．液が沸騰しはじめ たら炎の側面で熱するか，あるいは適当に炎から離して熱する．蒸発はルツボによって行 う．ときどきルツボの上方をあおいだり撹拌すると有効である．

　加熱や蒸発の程度を指示するのに次のような種々の仕方があるので，よく注意してこれ らの指示に従わなければよい結果が得られない．

1)　ほとんど煮沸するとは，ときどき気泡がでる程度に熱することである．
2)　煮沸するとは，液内から気泡が続いて出てくる程度の加熱である．
3)　ほとんど蒸発乾固するとは，液がまだジメジメ残っている程度まで蒸発することで ある．
4)　蒸発乾固するとは，焦げ付かないように注意しながらカラカラになるまで蒸発して しまうことである．ただ特に水浴中で蒸発乾固せよと指示するのは，直火では分解 が起こる恐れがあるときである（このときには，必ず指示通り水浴上で行わなけれ ばならない）．

（2）　加熱の所要温度

　常温または室温は 15〜25 ℃，微温は 30〜40 ℃ を意味する．冷時は多くの場合，熱時 に対する語で常温や室温と同意味としてよい．温時は多くの場合に 60〜70 ℃，熱時は 100 ℃ 以上を意味する．冷却とは特記されない限り常温まで冷やすことで，加温とは 100 ℃ 以下（従って水浴中）に温めること，また加熱は 100 ℃ 以上まで熱することを意味す る．水浴の温度は特にことわりのない限り約 100 ℃ である．

（3）　液性（酸性，中性，塩基性（アルカリ性[*4]））

　液性を調べるには普通，青色又は赤色のリトマス紙を使用する．調べようとする液を撹 拌棒の先に付けてこれをリトマス紙に触れ湿った部分の色を調べる．

　「中和せよ」あるいは「中性にせよ」とは酸またはアルカリを加えてからよく撹拌した 液が青色リトマス紙を赤変させず，また赤色紙をも青変させない程度にもって来ることを いう．

　「酸性にせよ」とは，液をよく撹拌しながら酸を滴下していって青色紙が明白にちょう ど赤変されるところまで滴下し，ここで止めることを意味する．むやみに多量の酸を一度 に加えてはいけない．

[*4]　「酸性」に相対する用語は「塩基性」である．「アルカリ性」という用語は，水溶液が塩基性を示す ときに使われる．したがって，この章の実験で出てくる「塩基性」は「アルカリ性」と言い換えても よい．

「弱酸性にせよ」とは，上の操作をして青色紙がかすかに赤変するところで止めることである．

「アルカリ性にせよ」とは，赤色紙がちょうど青変するまでアルカリを加えることである．特に試験管内で液性を変化させるときには，十分な撹拌を行わないと上部と下部とで液性が異なったままになる恐れがあるので滴下するたびに撹拌を十分に行わなければならない．容易な反応についてさえもよく失敗するのは，液性の間違いに原因するものが多いから，この点の注意が大切である．

（4） 対照試験とブランク（空）試験

反応の模様を文字で正確に表現することは困難であるから，経験のない反応を初めて行う場合には，テキストのみに頼らないで必ず既知物質について自らその反応を試みて経験をしておかなければならない．また，仮に経験したことのある反応であっても疑問が生じたときには，いつでも直ちに既知物質についてその反応を行い，検体の示す反応と比較対照してみる習慣を身に付けなければならない．結晶の形，沈殿の色と量，炎色などについては，質問するよりもむしろ対照試験によって自身で会得する方が確実であり，また早く実力が付くものである．あるイオンを検出しようとするとき試薬や水などに，もしはじめからそのイオンが混入していたのでは無意味となるので，同じ条件で検体なしの反応を使用する水や薬品についてあらかじめ試みておくことが必要である．このような操作をブランク（空）試験という．

（5） 加熱器具（ブンゼンバーナー）の使い方

このバーナーにはコックがなく，ノズルの回転でガスを止めたり，ガス量を加減する構造になっている．図3で正しい扱い方を練習してみる．

① まずガスの元栓を開く．このときはノズル（ガス量調節）およびダンパー（空気量調節）が完全閉じているか確認する．

② 着火器の炎を炎口にかざしながらノズルを反時計方向に回して点火する．

ダンパーの開き過ぎや新しくゴム管を接続したときには，ガス噴出口に火がついたり（逆火），炎口の炎が吹き飛び消火したりすることがある．このときは一度ガスを止めダンパーを時計

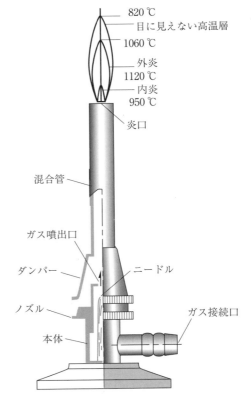

820 ℃
目に見えない高温層
1060 ℃
外炎
1120 ℃
内炎
950 ℃
炎口
混合管
ガス噴出口
ダンパー
ニードル
ノズル
ガス接続口
本体

図3 ブンゼンバーナーの各部名称と炎の構造

方向に回して閉じ加減にしてから再びノズルを回して点火する.

よい燃焼炎は,内炎が鮮明に認められる炎である.点火した炎の形状を見ながら,必要な炎長にガス量,空気量を調節する.

③ 使用後は,まずダンパーを閉じる.次いでノズルを閉じた後,必ず元栓を閉じておく.

－注意－

① ゴム管の接続は,接続口の赤い線まで確実に挿す.

② ノズルは,2.5～3回転で全開になり,それ以上回してもガス噴出量はかわらない.必要以上に回すと,ノズルと全体のネジ部からガスがもれることがあるので注意する.使用中,使用後はバーナーの混合管部は熱くなっているので直接手を触れない.

1.6 実　　験

今回の実験は,結果を数値データとして得る,というものではない(テーマ2,4,5では数値データとして実験結果を得る).この実験で重要なのは,操作のつど書く実験観察記録(メモ)である.メモをもとにレポートを作成することになるので,できるだけ詳しく書き留めることが大切である.メモは提出するものではないので,整った文字,文章である必要はない.

実験 1-1

Fe^{3+},Ni^{2+},Cu^{2+} の陽イオン検液について下記の実験を行う.

① Fe^{3+},Ni^{2+},Cu^{2+} の3種の検液を約1 mLずつ沈殿管に取る(液面の高さを1.5 cmとする).溶液の色を記録する.それぞれに1滴ずつの飽和塩化アンモニウム水溶液と1滴ずつの6 mol/Lアンモニア水を加えて,結果を記録する.

② ①の Fe^{3+} の試料を遠心分離し,分離液をパスツールピペットで吸い上げて廃液として捨てる.沈殿に希硝酸(HNO_3)4滴を加え,よくかき混ぜて溶けるかどうかを記録する(溶けた場合は溶液の色も記録).

③ ②の Fe^{3+} の試料の1滴ずつを2枚の時計皿に取り,それぞれに水2滴を加える.一方にチオシアン酸アンモニウム水溶液を1滴加え,もう一方にヘキサシアノ鉄(II)酸カリウム水溶液を1滴加える.それぞれの色の変化,および沈殿の生成の有無を記録する.

④ ①の Ni^{2+},Cu^{2+} の試料に6 mol/Lの水酸化ナトリウム水溶液を5滴ずつ加え,結果を記録する.さらにそれぞれの溶液を水浴中で加温(10分間)し,その結果を記録する.

⑤ ④の Ni^{2+},Cu^{2+} の試料それぞれを遠心分離し(分離液をパスツールピペットで吸い上げて廃液として捨てる),沈殿に希塩酸(HCl)を4滴加え,温めて溶かす(結果を記録).これらの溶液に6 mol/Lのアンモニア水を加えアルカリ性としてから(アルカリ性になったかどうかは赤色リトマス紙を使用して調べる*5.アルカリ性に

なるまでアンモニア水の滴下とリトマス紙のチェックを繰り返す），最後に１％ジメチルグリオキシムを１滴加え，結果を記録する．

⑥　⑤のCu^{2+}の試料に酢酸を加え酸性としてから（青色リトマス紙を使用して調べる[*5]）ヘキサシアノ鉄（II）酸カリウム水溶液を１滴加え，結果を記録する．

実験 1-2
実験の概要
　Fe^{3+}，Ni^{2+}，Cu^{2+} の陽イオンのうち１〜３個を含む可能性のある未知試料溶液に対して化学分析を行い，存在している陽イオンを特定する．

　すでに終了した実験 1-1 は，Fe^{3+}，Ni^{2+}，Cu^{2+} 陽イオンの個別の３つの検液に対して分析を行うものであった．実験 1-1 が基本問題，実験 1-2 がその応用問題である．

実験手順
（１）　準備されているいくつかの未知試料溶液の中から**ひとつを選ぶ**．

（２）　選んだ未知試料溶液の容器に書かれた記号をレポート用紙に記録する．

（３）　未知試料溶液は，Fe^{3+}，Ni^{2+}，Cu^{2+} の３つのうち１つ以上を含んでいる．

（４）　未知試料混合溶液に対して，図４の実験操作図にしたがって実験を行う．実験操作は，図にある①，②，…，⑥の順に行う．

（５）　実験結果から，未知試料溶液の中に存在していた陽イオンは，何であるかを判定する．

実験操作図（図 4）の見方
（１）　流れ図（フローチャート）の形式で書かれている．

（２）　具体的な実験操作は，図中に書き込まれている．

（３）　実験操作は，分離と確認の２つからなる．

（４）　分離とは，ある特定の陽イオンを，他のものから取り出すことである．

（５）　確認とは，分離したものが狙った特定の陽イオンであることを，そのイオンに特徴的な化学反応で確かめることである．

（６）　このような確認を，一般に**定性分析**という．

報告事項
（１）　実験 1-1 の操作，結果，化学反応式について，レポート用紙の指示に従って報告

[*5]　試料液を撹拌棒（ガラス棒）の先に付けて，これをリトマス試験紙に触れ湿った部分の色を調べる．色が変化しなければ，さらに試薬を加えて，リトマス紙でチェックを繰り返す．赤色リトマス紙が青く変色すればアルカリ性，青色リトマス紙が赤く変色すれば酸性である．

する．化学反応式については，授業（実験）中に提示される資料を参考にする．

（2） 実験1-2の結果については，レポート用紙のフォーマットに則して報告せよ．未知試料の記号は正確を期すこと（誤記は実験結果を無意味にするので要注意）．判定理由はできるだけ（スペースの範囲内で）詳しく記せ．

（3） 実験の感想も必ず記すこと．

検液　Fe³⁺, Ni²⁺, Cu²⁺
（黄色）（緑色）（青色）

（未知試料は、Fe³⁺, Ni²⁺, Cu²⁺のうち、1つ以上を含んでいる）

① 未知試料混合溶液を沈殿管に約 3 mL 取り（液面の高さ 2.5 cm）、3滴の飽和塩化アンモニウム水溶液と 3 滴の NH₃ 水（アンモニア水）を加える。よく撹拌したのち遠心分離機で沈殿と上澄み液を分離する（分離液1とする）。沈殿の残った沈殿管に 3 滴の NH₃ 水を加え、上澄み液はパスツールピペットを用いて別の沈殿管に移す。その後、もう一度遠心分離する（残った沈殿を沈殿1とする）。洗液はパスツールピペットで吸い上げて捨てる。ガラス棒でかき混ぜて沈殿を洗浄し、もう一度遠心分離し洗液は廃液とする。

沈殿1　Fe(OH)₃（赤褐色）

② 沈殿に 5 滴の希硝酸(HNO₃)を加えて、よく撹拌し沈殿を溶かす。

溶液　Fe³⁺（黄褐色）

Fe³⁺の確認

③ 溶液を 1 滴ずつ 2 枚の時計皿に取り、各々に水 2 滴を加える。NH₄SCN 水溶液 1 滴を加えて血赤色を示し（時計皿 1）、K₄Fe(CN)₆ 水溶液 1 滴を加えて青色沈殿が生成すれば、Fe³⁺ が存在する（時計皿 2）。

分離液1　[Ni(NH₃)₆]²⁺, [Cu(NH₃)₄]²⁺
（青色）（濃青色）

④ 分離液に 6 mol/L NaOH 水溶液を 10 滴加えて十分に煮沸する（10 分間以上）。遠心分離する。上澄み液は廃液として捨てる。

沈殿2　Ni(OH)₂（淡緑色）
　　　　CuO（黒色）

⑤ 沈殿に 4 滴の希塩酸(HCl)を加え、水浴中で加温し溶解してから、NH₃ 水を加えアルカリ性にする。水浴中で加温し冷却後に遠心分離する。上澄み液は別の沈殿管に移す。

分離液2　ジメチルグリオキシム錯イオン（紫色）銅アンモニウム錯イオン（濃青色）

この溶液に、さらに 1％ ジメチルグリオキシムを 2 滴加える。

Cu²⁺の確認

沈殿3　ニッケルジメチルグリオキシム（紅色）

Ni²⁺の確認

沈殿が紅色ならば Ni²⁺ が存在する。

⑥ 分離液に酢酸(CH₃COOH)を滴下して酸性に変え、K₄Fe(CN)₆ 水溶液を 1 滴加えたとき、褐色の沈殿が生じれば Cu²⁺ が存在する。

図4 Fe³⁺, Ni²⁺, Cu²⁺ を分離、確認する実験操作図（分析系統図）

テーマ2　気体の発生反応と状態方程式

目　的

　気体の発生反応を通じて，化学反応の化学量論を理解するとともに，気体の状態方程式を理解し応用できるようになることを目指す．また，気体の性質について考察する．

2.1　物質の変化

　物質の変化は物理変化と化学変化に大きく分類される．身近な例でいえば，H_2O は低温では氷，常温では水（液体），高温では水蒸気となる．このように H_2O そのものではなく状態だけが変化する場合を，物理変化という．一方，水を電気分解すると酸素と水素が発生する．あるいは水素と酸素を混合し点火すると水が生成する．このように物質の種類が変わる場合を化学変化とよぶ．化学変化は化学反応ともいわれ，化学結合の組換えがおこる．水の電気分解と水素の燃焼は，それぞれ化学反応式（1），（2）によって表される．

$$H_2O \quad \longrightarrow \quad H_2 + \frac{1}{2}O_2 \tag{1}$$

$$H_2 + \frac{1}{2}O_2 \quad \longrightarrow \quad H_2O \tag{2}$$

2.2　化学反応式

　化学反応式は左辺に反応する物質（反応物），右辺に生成する物質（生成物）を化学式として記述する．たとえば炭酸カルシウムと塩酸が反応して塩化カルシウム，水，二酸化炭素が生成する反応は次のようになる．

$$CaCO_3 + 2\,HCl \quad \longrightarrow \quad CaCl_2 + H_2O + CO_2\uparrow \tag{3}$$

　化学反応式の化学式の直前には数字が書かれる．その数字のことを係数とよぶ．ただし係数が1の場合は省略される．係数のことも考慮すると，化学反応式は反応物と生成物の種類のみならず，反応に関わる量的な情報も与えることになる．化学反応式（3）の場合では，「1 mol の $CaCO_3$ と 2 mol の HCl が反応すると 1 mol の $CaCl_2$，1 mol の H_2O，1 mol の CO_2 が生成する」ことを意味する．CO_2 の直後の上向きの矢印は CO_2 が気体として発生することを示すが，これは必ず書かなければならないというものではない．

2.3　気体の状態量

　純粋な物質（分子量 M）からなる気体があったとしよう．この気体の特性を表現しようとするときどのような量を列挙する必要があるだろうか．質量，物質量，体積，圧力，密

度，温度が気体の状態を示す物理量である．これらを気体の状態量と呼ぶ．

2.4 理想気体の状態方程式

　気体の状態量のあるものは，他の状態量と決まった関係をもって限定された値しかとれない．その1つの例は体積 V と圧力 P の関係である．一定温度のもとでは，圧力と体積は反比例する．（ボイルの法則：（4）式）

$$PV = 一定 \tag{4}$$

　一方，一定圧力のもとでは，理想気体の体積 V と絶対温度 T は比例関係にある．（シャルルの法則：（5）式）

$$\frac{V}{T} = 一定 \tag{5}$$

（4）と（5）式を組み合わせたものがボイル・シャルルの法則で，式で表せば（6）式となる．

$$\frac{PV}{T} = 一定 \tag{6}$$

　（6）式での一定値は具体的にいくつになるのであろうか．それは，ある特定の（よくわかっている代表的な）気体の状態から計算することができる．物質量 1 mol の理想気体は 0℃，101.3 kPa（＝ 1 atm（気圧））の標準状態では気体の種類によらず 22.4 L の体積となる（アボガドロの法則）．

　したがって $P = 101.3\,\mathrm{kPa}\,(= P_0)$, $T = 273\,\mathrm{K}\,(= T_0)$, $V = 22.4\,\mathrm{L}\,(= V_0)$ を（6）式に代入して，

$$\frac{PV}{T} = \frac{P_0 V_0}{T_0} = \frac{101.3 \times 22.4}{273} = 8.31\,\mathrm{kPa \cdot L/(K \cdot mol)} \tag{7}$$

となる．$8.31\,\mathrm{kPa \cdot L/(K \cdot mol)} = R$ として気体定数と呼ぶとすると，1 mol の気体に対しては（8）式が成り立つ．

$$PV = RT \tag{8}$$

　一般に標準状態の n mol の物質量の気体を考えよう．圧力，温度，体積の状態量のうち n 倍になるのは体積だけである（このような物質量に比例する状態量を示量性状態量，そうでないもの（圧力，温度など）を示強性状態量という）．したがって，n mol の気体に対しては（7）式において V_0 を nV_0 に置き換えてやればよい．

$$\frac{PV}{T} = \frac{nP_0 V_0}{T_0} \tag{9}$$

$\dfrac{P_0 V_0}{T_0} = R$ であるので，次の式が導かれる．

$$PV = nRT \tag{10}$$

（10）式を理想気体の状態方程式という．

2.5 実 験

実験 2-1, 実験 2-2 を行う. 両者とも対象とする化学反応は同じで, 炭酸カルシウムと塩酸の反応による二酸化炭素の発生である (化学反応式 (3)).

$$CaCO_3 + 2\,HCl \longrightarrow CaCl_2 + H_2O + CO_2 \uparrow \qquad (3)$$

実験 2-1 質量変化測定による化学反応式 (3) の検討
実験 2-2 気体の捕集, 体積測定による化学反応式 (3) の検討

実験 2-1

実験操作

① ビーカーに塩酸 (3 mol/L) を 100 mL の目盛までとる.

② ビーカーから, 液量計を用いて 10 mL の塩酸 (3 mol/L) を量りとり, コニカルビーカーに入れる.

③ 電子天秤のゼロ合わせを行った後, [コニカルビーカー＋塩酸] の質量を電子天秤で測定する. 小数第 3 位まで測定し[*1], レポート用紙の表 1 の A 欄に記録する. 測定値を A g とする.

④ 薬包紙を半分に折って折り目をつけて開く. 薬包紙を電子天秤に置いた状態でゼロ合わせを行う. 炭酸カルシウム 0.50 g を, 電子天秤に置いた薬包紙上に量りとる. 測定値を B g とする. 表 1 の B 欄に記録する.

⑤ 炭酸カルシウムを少量ずつ, コニカルビーカーの内壁に付かないよう注意しながら, すべて塩酸に投入する. 二酸化炭素の気体が発生し, 泡がでる.

⑥ 反応終了後, 液体に触れないように注意して, ゴム球で空気をコニカルビーカー内に送る (プッシュ 5 回)[*2]. [コニカルビーカー＋内容物] の質量を測定する. C g とする.

⑦ コニカルビーカーの内容物を廃液入れに捨て, 水で洗浄後に, 炭酸カルシウムの質量 B が 0.70, 1.00, 1.20 g の場合について, ②〜⑥ の実験を, それぞれ繰り返す.

表 1 の計算

実験操作が終了したら, 表 1 の D, E, F, G を, 測定値 A, B, C を使って, 次の式で計算する.

$$D = A + B$$
$$E = D - C$$
$$F = \frac{B}{100.1} \times 44.0$$

[*1] たとえば 0.100 g が測定値であったときは, 0.100 g と記さなければならない. 「0.1」ではいけない. 数学的には 0.100 = 0.1 であるが, 実験値としては意味が違うことに注意せよ.

[*2] コニカルビーカーの上部に残っている CO_2 の気体を追い出すためである. CO_2 が残存していると質量が高めに測定される.

$$G = \frac{E}{F} \times 100$$

グラフの作成

B を横軸，E を縦軸とするグラフを作成する．4つの点のほぼ真ん中とグラフのゼロを通る直線を引く．同じグラフに横軸の B は共通にして，F を縦軸とした点と線を E の場合と同様に記入する．

実験 2-2

実験操作

① 電子天秤で炭酸カルシウムの質量を正確に 0.50 g 測定する．炭酸カルシウムの質量を B g とする（この場合，$B = 0.50$ g）．

② 炭酸カルシウムをふたまた試験管の一方に足長ロートを用いて数 mL の蒸留水で完全に流し込む．

③ 液量計に塩酸（3 mol/L）を 10 mL 量り取る．その塩酸をパスツールピペットを用いて，ふたまた試験管のもう一方にすべて入れる．このとき，塩酸が炭酸カルシウムの入っている側に入らないように注意すること．

④ ガラス管とゴム管のついているゴム栓をふたまた試験管の口にしっかりとつける．

⑤ 水道水を入れた水槽中でメスシリンダーの中の空気を抜き，逆さまに固定カットリングにとりつける．

⑥ ビニール管（発生する気体の出口）を，水槽に逆さまにしてとりつけたメスシリンダーの口の位置にもってくる．

⑦ ふたまた試験管中の塩酸を固体試料側に注意深く徐々に注ぎ込み気体を発生させる．

⑧ 気体発生終了後，メスシリンダーの目盛を読み気体の体積を測定する．気体の体積を H mL とする．

⑨ ふたまた試験管の内容物を廃液入れに捨て，水で洗浄後に，炭酸カルシウムの質量 B が 0.70，1.00，1.20 g の場合について，①〜⑧ の実験を，それぞれ繰り返す．

温度と圧力の測定

実験室に設置された気温計と気圧計で室温と気圧（圧力）を記録する．測定した温度と圧力を二酸化炭素のものと近似できる．温度（T）と圧力（P）は ℃，hPa 単位で測定するが，計算に使うときは，それぞれ K，kPa 単位となることに注意せよ．

表2の計算

上記の実験操作が終了したら，表2の F, n, W, G は，測定値 B, H から次の式で計算する．

$$F = \frac{B}{100.1} \times 44.0 \qquad R = 8.31$$

$$V = \frac{H}{1000} \qquad W = 44.0 \times n$$

$$n = \frac{PV}{RT} \qquad G = \frac{W}{F} \times 100$$

グラフの作成

B を横軸，W を縦軸とするグラフを作成する．同じグラフに B を横軸，F を縦軸とした場合も記入する．

報告事項

（1） 実験 2-1，実験 2-2 において F は同じ式 $\left(F = \dfrac{B}{100.1} \times 44.0 \right)$ で計算される．F は何を示しているか説明せよ．

ヒント：$CaCO_3$ と CO_2 の式量は，それぞれ 100.1，44.0 である．

（2） 実験 2-1，実験 2-2 のグラフに描いた 4 本の直線の傾きを求め，表 3 に記入せよ．

（3） 表 3 からわかることを考察せよ．

ヒント：実験 2-1，実験 2-2 のそれぞれについて，どのような場合に 2 つの直線の傾きの比がちょうど 1 になるかを書いたうえで，自分の実験結果がどうだったか，さらにそうなった理由を記述する．

テーマ 3　鉄の酸化還元反応

目　的

　身近な元素である鉄をとりあげ，酸化還元反応を自らの手で起こさせ，視覚的に実感する．酸化還元が電子のやり取りであること，光によって誘起されることもあることを理解する．

3.1　解　説

（1）　電子の授受で考える酸化還元反応

　古くは酸素と化合する反応を酸化，その逆反応を還元と呼んだ．しかし，現在ではもっと広い意味で酸化還元は定義される．

　硫酸銅 (II) の水溶液 ($CuSO_4 \longrightarrow Cu^{2+} + SO_4^{2-}$) に亜鉛 Zn の金属板を浸すと Zn の表面に Cu の金属が析出する．これは次の酸化還元反応が起こったためである．

$$Zn + Cu^{2+} \longrightarrow Zn^{2+} + Cu \tag{1}$$

上の反応には，酸素も水素も登場しない．酸化されたものは Zn 金属であり，還元されたものは Cu^{2+} イオンである．酸化還元反応の本質は電子 e^- の授受である．

　これは 2 つにわけて考えると理解しやすい．

$$Zn \longrightarrow Zn^{2+} + 2e^- \tag{1a}$$

$$Cu^{2+} + 2e^- \longrightarrow Cu \tag{1b}$$

電子を放出した（授けた）Zn は，酸化された．電子を受け取った Cu^{2+} は，還元されたとなる．Zn が放出した 2 電子を，Cu^{2+} が受けとっていることに注目しよう．(1a) 式と (1b) 式を合わせたものが（1）式の酸化還元反応である．酸化と還元は，必ず 2 つ同時に起こっている．まとめると，次のようになる．ただし，m, n は 0 以上の整数であり，$m < n$ である．

　　A^{m+} が A^{n+} に変化　$\longrightarrow$　A^{m+} は酸化された [$(n-m)$ 個の電子を放出する].
　　A^{n+} が A^{m+} に変化　$\longrightarrow$　A^{n+} は還元された [$(n-m)$ 個の電子を受け取る].
　　B^{n-} が B^{m-} に変化　$\longrightarrow$　B^{n-} は酸化された [$(n-m)$ 個の電子を放出する].
　　B^{m-} が B^{n-} に変化　$\longrightarrow$　B^{n-} は還元された [$(n-m)$ 個の電子を受け取る].

演習 1 [*1]

　次の反応で，酸化されているものと，還元されているものを答えよ．

　（1）　$2Fe^{3+} + Zn \longrightarrow 2Fe^{2+} + Zn^{2+}$

[*1]　演習については，提出はしなくてよいが，自ら予習，復習としてやることが望ましい．

（2）　$I_2 + 2Cl^- \longrightarrow 2I^- + Cl_2$

（2）　酸化数で考える酸化還元反応

　酸化還元反応の本質は電子の授受であることはすでに述べたが，これに基づいた便利な指標として使われるのが酸化数である．

　酸化数とは，「原子（単体）の電子数を基準（0とする）として，化合物中の原子あるいはイオンにおける電子数が，基準からいくつ不足しているか」という数として定義される．たとえば，金属亜鉛のZnの酸化数は0であり，Zn^{2+}はZnから電子が2つ不足しているので，酸化数+2となる．水H_2Oにおいては，2つ水素原子の電子が1つの酸素に与えられているとして，H_2Oにおける水素の酸化数は+1，酸素の酸化数は-2とする．酸化数を求めるうえでの，6つの約束は以下のようである．

　（1）　単体あるいは原子での酸化数は，0（ゼロ）である．
　（2）　単原子イオンの酸化数は，そのイオン価[*2]である．
　（3）　化合物または多原子イオンにおけるHの酸化数は，+1である．
　（4）　化合物または多原子イオンにおけるO（酸素）の酸化数は，-2である．
　（5）　化合物の構成原子の酸化数の総和は，0（ゼロ）である．
　（6）　多原子イオンの構成原子の酸化数の総和は，そのイオン価[*3]である．

以上の酸化数の定義から，化学反応においてある元素の酸化数に着目したとき，次のようにまとめられる．

Aの酸化数が，増加した．$\longrightarrow$　Aは酸化された．

Aの酸化数が，減少した．$\longrightarrow$　Aは還元された．

演習2

　以下の変化の前後で，OとH以外の元素の酸化数を求めよ．また酸化数の変化から，酸化されたか還元されたかを判定せよ．

　（1）　$SO_2 \longrightarrow H_2SO_4$
　（2）　$Mn^{2+} \longrightarrow MnO_4^-$
　（3）　$NO_2 \longrightarrow NH_3$

（3）　酸素と水素のかかわる古典的酸化還元反応

　化学の歴史に初めて登場[*4]してきたときは，酸化とはある元素が酸素と結合することであり，還元は酸化物から酸素を取り去ることであった．また酸化は水素が取り去られる

---

*2　たとえば，Na^+，Cu^{2+}，Cl^-のイオン価はそれぞれ+1，+2，-1である．
*3　たとえば，NH_4^+，NO_3^-，SO_4^{2-}のイオン価はそれぞれ+1，-1，-2である．
*4　18世紀後半，フランス人ラボアジェによる定義である．ラボアジェは化学反応における質量保存の法則を実験的に証明したことでも有名である．化学者と税金徴収役人の二足のわらじを履いていたため，民衆の怒りを買いフランス革命でギロチンにかけられるという最期であった．

ことであり，還元は水素と結びつくことでもあった．

　水素の燃焼が，この古典的定義に即したもっとも簡単な酸化還元反応である．

$$2\,H_2 + O_2 \longrightarrow 2\,H_2O \tag{2}$$

水素 H_2 に視点をおけば，酸素 O_2 が化合して水になったということである．水素は酸化されたとなる．酸素からみると，水素が化合して水になっている．酸素は還元されたことになる．

　上の反応と逆の反応の酸化還元は，どう表現されるだろうか．

$$2\,H_2O \longrightarrow 2\,H_2 + O_2 \tag{3}$$

水のなかの水素からみれば，酸素が取り去られたことになるので，水の水素は，還元されたとなる．水の酸素の立場では，水素が取り去られたのであるから，酸化されたことになる．

　以上をまとめると以下のようになる．

　　　A に酸素が化合する．　⟶　A は酸化された．
　　　A に水素が化合する．　⟶　A は還元された．
　　　A の水素化物から水素が取り去られる．　⟶　A は酸化された．
　　　A の酸化物から酸素が取り去られる．　⟶　A は還元された．

$\boxed{\text{演習 3}}$

　次の反応で，酸化されているものと，還元されているものを答えよ．

（1）$2\,Fe + O_2 \longrightarrow 2\,FeO$

（2）$MgO + H_2 \longrightarrow Mg + H_2O$

（3）$C + 2\,H_2 \longrightarrow CH_4$

（4）$2\,Fe_2O_3 + 3\,C \longrightarrow 4\,Fe + 3\,CO_2$

表1に，ここまでで説明した酸化還元反応をまとめた．

表 1　酸化還元反応のまとめ

	A が酸化された	B が還元された
電子	A から放出される	B に受け取られる
酸化数	A の酸化数が増加	B の酸化数が減少
酸素	A に化合する	B から取り去られる
水素	A から取り去られる	B に化合する

（4）鉄イオン Fe^{2+} と Fe^{3+} の確認反応

　Fe^{3+} の確認のための定性分析はテーマ1の実験の一部として取り上げられている．ここでは，本テーマ実験の鉄の酸化還元を調べるために必要な反応について，Fe^{2+} の反応についてもあわせて述べる．

Fe^{2+} と Fe^{3+} の確認あるいは区別する定性分析としては，ヘキサシアノ鉄錯イオンとの反応が古くから使われている．

ヘキサシアノ鉄錯イオンは2種類あり，鉄が+2価（Fe^{II}）のものは $[Fe^{II}(CN)_6]^{4-}$ ヘキサシアノ鉄（II）酸イオン（以下，フェロシアンイオンと表記）であり，+3価（Fe^{III}）のものは $[Fe^{III}(CN)_6]^{3-}$ ヘキサシアノ鉄（III）酸イオン（以下，フェリシアンイオンと表記）である．

Fe^{2+} は $[Fe^{III}(CN)_6]^{3-}$ フェリシアンイオンと反応して，濃青色の沈殿を生成する．それに対して，Fe^{3+} は $[Fe^{II}(CN)_6]^{4-}$ フェロシアンイオンと反応して，濃青色の沈殿を生成する．他の2つ組合せ（すなわち，Fe^{2+} と $[Fe^{II}(CN)_6]^{4-}$ フェロシアンイオン，Fe^{3+} と $[Fe^{III}(CN)_6]^{3-}$ フェリシアンイオン）では，濃青色の沈殿は生成しない．したがって，フェロシアンイオンとフェリシアンイオンを，それぞれ，加えて濃青色の沈殿の生成の有無から，Fe^{2+} と Fe^{3+} イオンの存在の判定が可能である．それぞれの反応で生成する濃青色沈殿は古くから染料，顔料として利用されてきた．葛飾北斎[5]の有名な浮世絵「赤富士」の空の青もこの顔料であるといわれている[6]．

濃青色沈殿は，それぞれ，次のように名前がつけられていた．

$$Fe^{2+} + [Fe^{III}(CN)_6]^{3-} \longrightarrow \text{ターンブル青（濃青色沈殿）}$$
$$Fe^{3+} + [Fe^{II}(CN)_6]^{4-} \longrightarrow \text{プルシアン青（濃青色沈殿）}$$

長い間，ターンブル青とプルシアン青は別の化合物とされてきたが，最近では，両者は同じ化合物である[7]とされている．

3.2 実　　験

準備実験も含めると，以下の3つの実験を行う．

実験 3-1	準備実験（Fe^{2+} と Fe^{3+} の確認）
実験 3-2	水中での金属鉄の腐食の初期過程反応（エバンスの実験）
実験 3-3	光が誘起する鉄の還元反応（青写真（日光写真）の作製）

実験 3-1　準備実験

3.1の（4）で述べたプルシアン青とターンブル青の生成反応の確認を行う．

実験操作

（1）　試験管2本を準備する．硫酸鉄（II）と硫酸鉄（III）を，それぞれ，0.05 g ずつ電子天秤で量りとり試験管に入れる．試験管上部に Fe^{2+}，Fe^{3+} と書いておく．ホールピペットを用いて 5 mL の蒸留水をそれぞれ2本の試験管に加え，ガラス棒でかき混

---

[5]　江戸時代の浮世絵師．富嶽三十六景が代表作である．

[6]　プルシアン青であるとされている．プルシアン青は「ベルリン青」ともいわれるが，「べろ藍」と江戸時代には名づけられていた．

[7]　メスバウアー分光という測定で，鉄の状態を分析することで証明された．

ぜて溶かす．これらの溶液を，Fe^{2+} 検液と Fe^{3+} 検液と呼ぶ．

（2） さらにもう2本試験管を準備する．前項（1）で調製した Fe^{2+} 検液と Fe^{3+} 検液をそれぞれ2等分し，新たに準備した試験管に移す．それぞれ Fe^{2+} 検液 A と B，Fe^{3+} 検液 C と D とする．

（3） Fe^{2+} 検液 A と Fe^{3+} 検液 C に $K_4[Fe^{II}(CN)_6]$ 水溶液をそれぞれ1滴ずつ加える．また，Fe^{2+} 検液 B と Fe^{3+} 検液 D には $K_3[Fe^{III}(CN)_6]$ 水溶液をそれぞれ1滴ずつ加え，混ぜる．それぞれの試験内で起こった変化を観察する．

課題 1 [*8] それぞれの試験管内で起こった変化を整理して，まとめよ（沈殿生成の有無，その色や量などをレポート用紙の表1に記述する）．

課題 2 課題1の実験の観察結果をもとにして，Fe^{2+} と反応して多量の濃青色沈殿を生じたイオンは $[Fe^{II}(CN)_6]^{4-}$ と $[Fe^{III}(CN)_6]^{3-}$ のどちらだったかをレポート用紙に記せ．また，Fe^{3+} と反応して多量の濃青色沈殿を生じたのはどちらかも記せ．

実験 3-2 水溶液中での金属鉄の腐食の初期過程反応　エバンスの実験[*9]

水中での金属鉄の腐食の初期過程が酸化還元反応であることを理解することを目的とした実験である．

金属鉄の腐食は，鉄の酸化還元反応であり，われわれの周辺に日常的に観察できる現象である．機械材料，電気製品材料，建設材料としての安全性の観点からも重要である．金属鉄の水溶液中での腐食の初期過程での反応を，酸化還元反応としての特質に着目しながら，実験を通して理解する．

実験操作

（1） 鉄板の片面にヤスリをかけ，サビおよび汚れを落とす．鉄板の歪みをできるだけ矯正し平らにする．

（2） 3本の試験管（E, F, G）に，ホールピペットを用いて，2 mL の 0.5 mol/L-NaCl 水溶液をとる．

（3） NaCl 水溶液 E に $K_4[Fe^{II}(CN)_6]$ 水溶液3滴，F に $K_3[Fe^{III}(CN)_6]$ 水溶液3滴を加える．

（4） 3つの試験管（E, F, G）に1滴のフェノールフタレイン[*10]溶液を加える．

（5） 1枚の鉄板表面に，パスツールピペットを用い，E溶液とF溶液を異なる場所に1滴ずつ滴下する．G溶液については2箇所に滴下してスポットを2個作る（合計4スポット＝順番にスポット E, F, G1, G2 とする）．スポットの直径は7〜8 mm となるようにする．4つのスポットは混じりあわないように十分間隔をとる．スポット

[*8]　課題はレポートの所定の欄に解答して，提出しなければならない．

[*9]　20世紀前半に英国の腐食科学の泰斗 U. エバンスが考案した実験である．

[*10]　フェノールフタレインは，実験テーマ4でも使う指示薬である．水溶液中で pH が7以下では無色であるが，8以上では明瞭な赤紫色（薄いときはピンク色）を呈する．

作成中，作成後は鉄板に振動を与えないよう十分に注意する．スポットを作った時刻を記録する．スポットのようすをスケッチする．スポットのスケッチは2回行うが，1分後，10分後をめやすとする．

（6）スポット G1 と G2 が，ピンク色を呈してきたら（10数分後），G1 に $K_4[Fe^{II}(CN)_6]$ 水溶液，G2 に $K_3[Fe^{III}(CN)_6]$ 水溶液を1滴滴下する．滴下後のスポットを観察して，スケッチする．

課題3 4つのスポットで起こった変化を，スケッチと観察記録としてまとめよ．

課題4 濃青色沈殿が生じたスポットでは，以下の3段階の化学反応が起きている．それぞれの化学反応式[11]について考察し，以下の指示にしたがって解答せよ．

① 鉄板から鉄がスポットの溶液中に鉄イオンとして溶け出す反応式を書け．（ヒント：金属の鉄は，何個かの電子を放出して Fe^{2+} と Fe^{3+} のどちらかの鉄イオンに変化している．直前の実験3-1の結果を参考にして，スポット E と F を比較すればどちらかがわかる）

② フェノールフタレインがピンク色を呈するのは，金属鉄が放出した電子（e^-）が関与する次の反応で，塩基性の原因となる OH^- イオンが生成するためである．

$$x\,O_2 + y\,H_2O + z\,e^- \longrightarrow 2\,OH^-$$

係数 x, y, z を正しい数値にした反応式を記せ（x, y, z のうち1つは分数）．

③ 濃青色沈殿が生じる反応（生じるのはターンブル青とプルシアン青のどちらか）．

④ 上の① と② の化学反応で，酸化された物質と還元された物質を記せ．

実験3-3　光が誘起する鉄の還元反応　青写真の作製

「青写真をつくる」という慣用句を知っているだろうか？　設計図をつくるということから転じて，「将来設計をする」という意味である．青写真は，現在のコピーシステムが確立する前（1960〜1970年代）までは，重要なコピーツールであった．建築の設計図，事務的なコピー，子どもの玩具としての日光写真など，青写真は重宝に利用されていた．

　青写真の原理は，光が誘起する酸化還元反応と，実験3-1の青色鉄化合物の生成が巧妙に使われている．実際に青写真（日光写真）を感光紙から作製することを行う．

実験操作

（1）1本の試験管に，$K_3[Fe^{III}(CN)_6]$ 水溶液とクエン酸鉄（III）アンモニウム[12]水溶

---

[11]　この一連の化学プロセスにおいて，NaCl の果たす役割は電解質としてスポット溶液内の電気の流れをスムースにすることである．したがって，腐食の初期課程の反応式には登場しないことに注意せよ．われわれは塩分を含んだ水（たとえば海水）中で鉄の腐食の進行が早いことを経験的に知っている．この実験を，NaCl を溶かさないで行うと，1〜2時間では，変化はほとんど観測されない．

[12]　クエン酸鉄（III）アンモニウムは複数の組成をもち，化学式を記述するのは難しい．水溶液には，NH_4^+，Fe^{3+}，$CH_2(COOH)C(OH)(COOH)CH_2(COOH)$，$CH_2(COO^-)C(OH)(COOH)CH_2(COOH)$，$CH_2(COO^-)C(OH)(COO^-)CH_2(COOH)$，$CH_2(COO^-)C(OH)(COO^-)CH_2(COO^-)$ が共存すると考えてよい．

液を，それぞれ 10 滴ずつをとり，混合溶液とする．

（2）　上質紙（60×60 mm²）の片面に，混合溶液を筆で全面に塗り，乾燥させる（感光紙の作製）．できるだけ均一になるように塗る．感光紙は 2 枚作成する．

（3）　感光紙とネガフィルムを重ね（クリップ 2 本を使い，しっかり密着させること），1 枚はハロゲンランプで，もう 1 枚は太陽光で光照射（5〜20 分）をする．光照射の条件は，当日の天候などにも左右されるので，担当教員の指示に従う．感光が終わったらネガフィルムとクリップを外す．

（4）　8％酢酸水溶液をシャーレの底一面に広がるくらいの量だけ入れ，ここに画像が現れた感光紙を浸してすすぐ．感光紙を 2 枚とも処理したら酢酸液を廃液入れに移した後，感光紙を水洗いし，乾燥させる．

課題5　クエン酸 $CH_2(COOH)C(OH)(COOH)CH_2(COOH)$ の分子構造を構造式で記せ．

課題6　この光が誘起する酸化還元反応においては，クエン酸イオンの $-C-COO^-$ の部分で，まず光により炭素－炭素結合の切断が起きている．

$$R-C-COO^- \longrightarrow R-C\cdot \ + \ \cdot COO^- \qquad\qquad （1）$$

クエン酸イオンの省略表記

上の反応式の右辺における 2 つの「・」は，不対電子を表している．共有結合は 2 電子でできている（共有結合電子対）．1 本の共有結合の切断で，2 つの不対電子ができる．不対電子をもった分子，イオンを，それぞれ，ラジカル，ラジカルイオンという．

　光切断により生成した二酸化炭素ラジカルイオン $\cdot COO^-$ は，次の反応で二酸化炭素 CO_2 に変化し，そのとき電子 e^- を放出する．

$$\cdot COO^- \longrightarrow CO_2 \ + \ e^- \qquad\qquad （2）$$

つまり，酸化されているのはクエン酸から生じた二酸化炭素ラジカルイオンである．

　一方，放出された電子を受け取って，還元された物質は何であるかを考察し，その還元反応の化学反応式を，化学反応式（3）として，レポート用紙に記せ．

テーマ4　酸と塩基，酸性と塩基性

目　的

● 酸-塩基の中和反応を理解する．
● 中和により酸または塩基の濃度を決定できることを理解する．
● 弱酸の解離について理解する．
● pHメーターとpH指示薬の使用について学ぶ．

4.1　酸と塩基とは

　酸と塩基の定義はいくつかあるが，アレニウスの定義がもっともわかりやすく実用的である．

> **アレニウスの定義**
> 　酸：水溶液中で電離して水素イオン（H^+）を生成する物質
> 　塩基：水溶液中で電離して水酸化物イオン（OH^-）を生成する物質

　酸，塩基について，上の定義を具体的にあてはめて考えてみよう．
　塩化水素，硫酸，酢酸は，酸であるが水溶液中での電離反応は以下のようである．電離反応とは，中性電荷の物質が，陽イオンと陰イオンに別れることである．
　塩化水素（HCl）

$$HCl \longrightarrow H^+ + Cl^-$$

　硫酸（H_2SO_4）

$$H_2SO_4 \longrightarrow 2H^+ + SO_4{}^{2-}$$

　酢酸（CH_3COOH）

$$CH_3COOH \rightleftarrows H^+ + CH_3COO^-$$

　1 molの酸から生成するH^+の物質量がn molのとき，「n価の酸」という．塩化水素と酢酸は1価，硫酸は2価の酸である．HClは，物質名としては，塩化水素という．「塩酸」とは，塩化水素の水溶液のことである．それに対して，硫酸，酢酸は，厳密には物質名である．したがって，水溶液は硫酸水溶液，酢酸水溶液と呼ぶのが正しいが，慣用的には，水溶液を硫酸，酢酸ということも多い．化学反応式における矢印，$\longrightarrow$ と $\rightleftarrows$ の意味と違いについては，次節で述べる．
　水酸化ナトリウム，水酸化カルシウム，アンモニアは塩基の代表的なものであるが，水溶液中の電離反応は以下のとおりである．

水酸化ナトリウム（NaOH）

$$NaOH \longrightarrow Na^+ + OH^-$$

水酸化カルシウム（Ca(OH)$_2$）

$$Ca(OH)_2 \longrightarrow Ca^{2+} + 2\,OH^-$$

アンモニア（NH$_3$）

$$NH_3 + H_2O \rightleftharpoons NH_4^+ + OH^-$$

1 mol の塩基から生成する OH$^-$ の物質量が n mol のときで，「n 価の塩基」という．水酸化ナトリウム，アンモニアは 1 価，水酸化カルシウムは 2 価の塩基である．ここで，上のアレニウスの定義に照らしたとき，アンモニアを塩基とすることに違和感をもつかもしれない．厳密には，アンモニアの場合は「電離して」ではなく「水と反応して」水酸化物イオン OH$^-$ を生成するのであるが，アンモニアも，広く解釈して塩基とする．

ここまでに登場したイオンの化学式，名称を以下にまとめる．M^{n+}，M^{n-} をそれぞれ n 価の陽イオン，n 価の陰イオンという．

---

1 価の陽イオン
H$^+$ 水素イオン
Na$^+$ ナトリウムイオン
NH$_4^+$ アンモニウムイオン
2 価の陽イオン
Ca^{2+} カルシウムイオン

---

1 価の陰イオン
OH$^-$ 水酸化物イオン
Cl$^-$ 塩化物イオン
CH$_3$COO$^-$ 酢酸イオン
2 価の陰イオン
SO$_4^{2-}$ 硫酸イオン

4.2 強酸と弱酸，強塩基と弱塩基

酸と塩基には強弱がある．

強い，弱いの定義
強酸/強塩基：水溶液中で 100 % 電離する酸/塩基
弱酸/弱塩基：水溶液中で 100 % は電離せず，わずかにしか電離しない酸/塩基

前節で登場した酸，塩基の強弱を整理すると以下のようになる．

強　酸：塩化水素，硫酸
強塩基：水酸化ナトリウム，水酸化カルシウム
弱　酸：酢酸
弱塩基：アンモニア

弱酸，弱塩基の電離反応は，前述したように，

$$CH_3COOH \rightleftharpoons H^+ + CH_3COO^-$$

$$NH_3 + H_2O \rightleftharpoons NH_4^+ + OH^-$$

である．化学反応式（電離反応）が $\rightleftharpoons$ で示されることが特徴であり，電離反応が可逆反

応で化学平衡になるということである．このことを，酢酸を取り上げて詳しく説明してみよう．この説明，式の導出は，実験にも深く関わることである．

　純粋な酢酸 A g を水に溶かし，モル濃度 c mol/L の酢酸水溶液を，V mL つくったとしよう．ここでモル濃度 c mol/L とは，つくった水溶液の中に純粋な酢酸が 1 L あたり c mol 含まれていることである．なお c mol/L は，次の式で計算できる．

$$c \text{ mol/L} = (A \text{ g} \div 酢酸のモル質量 \text{ g/mol}) \div (V \text{ mL}/1000)$$

ここで，酢酸のモル質量とは，酢酸の分子量に単位 g/mol をつけた数値である．水溶液にした瞬間から c mol の酢酸の一部（割合，α）は電離し酢酸イオンとなる，残りの $(1-\alpha)$ は中性電荷の酢酸分子 CH_3COOH となる．α を電離度という．この変化は比較的早い時間で終了し，化学平衡状態となる．電離反応の化学平衡であるので，電離平衡という．化学平衡の一種であるので，その状態では，電離平衡の式が成り立つ．以上のことを，数式で表すと以下のようになる．

	CH_3COOH	$\rightleftharpoons$	H^+	$+$	CH_3COO^-
反応前	c		0		0
変化量	$-c\alpha$		$+c\alpha$		$+c\alpha$
平衡時	$c(1-\alpha)$		$c\alpha$		$c\alpha$

電離平衡時には次の関係式が成り立つ

$$K_a = \frac{[CH_3COO^-][H^+]}{[CH_3COOH]} = \frac{c\alpha \cdot c\alpha}{c(1-\alpha)}$$

ここで，弱酸である酢酸の電離度 α は 1 に比べて十分小さいので，$1-\alpha = 1$ が近似として成り立つ．したがって，

$$K_a = c\alpha^2$$

となる．したがって，電離度 α は以下の式で求められる．

$$\alpha = \sqrt{\frac{K_a}{c}}$$

酢酸の電離定数 K_a は，25 ℃ では，$K_a = 1.75 \times 10^{-5}$ mol/L である．調製時の酢酸濃度 c mol/L は実験者が設定できる値である．

4.3 酸性と塩基性

　水溶液における酸性と塩基性を理解するための大前提として，水のイオン積の式を頭に入れておかなければならない．純粋な水（純水）およびすべての水溶液（溶質の種類は問わない）において，25 ℃ では必ず水のイオン積の式が成立する．

水のイオン積（K_w）の式
$$K_w = [H^+][OH^-] = 1.00 \times 10^{-14} \quad (mol/L)^2 \qquad (25 ℃)$$
（簡単には $[H^+][OH^-] = 10^{-14}$ と書く）

$[H^+]$ と $[OH^-]$ は，それぞれ，水溶液における H^+，OH^- のモル濃度である.

　水溶液における酸性，中性，塩基性は，存在する H^+ と OH^- のモル濃度の大小関係により決まる.

> **酸性，中性，塩基性の定義（1）**
>
> 酸性　　　　$[H^+] > [OH^-]$
>
> 中性　　　　$[H^+] = [OH^-]$
>
> 塩基性　　　$[H^+] < [OH^-]$

水のイオン積の式を，上の定義（1）に代入することにより，下の定義（2）が導ける.

> **酸性，中性，塩基性の定義（2）**
>
> 酸性　　　　$[H^+] > 1.00 \times 10^{-7} \, mol/L$
>
> 中性　　　　$[H^+] = [OH^-] = 1.00 \times 10^{-7} \, mol/L$
>
> 塩基性　　　$[H^+] < 1.00 \times 10^{-7} \, mol/L$

水溶液の酸性，塩基性は，$[H^+]$ が $1.00 \times 10^{-7} \, mol/L$ を基準としてそれより大きいか小さいかということになる. また酸性度，塩基性度の程度も $[H^+]$ の値で，考えればよいことはすぐわかるだろう. ただ，$1.00 \times 10^{-7} \, mol/L$ といった小さくて，指数を含む値として取り扱うのは，不便ということもあり，水素イオン濃度指数（pH）が導入された. ここで log は常用対数（$= \log_{10}$）である.

$$pH = -\log [H^+]$$

　この式は，水のイオン積の式を使って，次のように変形できる. 塩基性側で便利に使える形になっている.

$$pH = 14 + \log [OH^-]$$

　pH の定義式を用いて，酸性，中性，塩基性の定義は次のように示すことができる.

> **酸性，中性，塩基性の定義（3）**
>
> 酸性　　　　$pH < 7$
>
> 中性　　　　$pH = 7$
>
> 塩基性　　　$pH > 7$

以上のことから，濃度 $c \, mol/L$ として調製した酸，塩基の pH の値は以下のようにまとめられる.

> n 価の強酸
>
> $$pH = -\log(nc)$$
>
> n 価の強塩基
>
> $$pH = 14 + \log(nc)$$

1 価の弱酸（たとえば酢酸）

$$pH = -\log(c\alpha) = -\frac{1}{2}\log(K_a c)$$

（この式は，これまでの記述を理解すれば，簡単に導ける．）

指数・対数の基礎と公式

pH の計算には，対数の基本公式がよく使われる．ここに最小限の公式をあげる．また，$\log_{10} 2 = 0.30$，$\log_{10} 3 = 0.48$（常用対数）を暗記しておくことは，便利であろう．

○数値に直す公式

$$\log_a 1 = 0$$
$$\log_a a = 1$$
$$\log_a \frac{1}{a} = -1$$

○変形するための公式

$$\log_a (M \times N) = \log_a M + \log_a N$$
$$\log_a \frac{M}{N} = \log_a M - \log_a N$$
$$\log_a M^n = n \log_a M$$

4.4 pH の測定

前節で説明した酸性，塩基性，あるいはその指標値である pH の測定の方法はどのようになるのであろうか．リトマス試験紙を使う方法を初めて学習したのは，小学生の理科の授業であったと思う．リトマス試験紙と調べたい水溶液（検液）を接触させて，試験紙の色の変化を観察し，赤になれば酸性，青になれば塩基性であると判定する．試験紙にはリトマスという植物から取り出した化学物質が存在していて，酸性と塩基性で化学構造がわずかに変化し，その結果として色が変わるのである．赤，青の 2 色ではなく，人の目でみることのできる全色（紫〜赤）にわたって変化する pH 万能試験紙というものもある．色が pH に依存する化学物質を複数含ませたものであり，基本原理はリトマス試験紙と変わらない．

この実験における中和滴定ではフェノールフタレインという指示薬を用いる．これも pH 9 の前後で，化学構造を変化させ，色が変わることを利用したものである．

化学物質の色の変化を観察する方法は装置も必要でなく簡便であるが，正確な pH の値が必要な場合には不向きである．このようなときは，測定の原理はまったく異なる pH メーターを用いる．

pH メーターの原理を簡潔に述べる．ガラス薄膜で隔てられた 2 つの溶液があるとしよう．ガラス薄膜は 2 つの溶液が混ざり合うことがない仕切りとして働いているが，ガラス

の隙間を通したイオンの相互作用を妨げてはいない．このような条件のもとでは，両水溶液を含む系として電位差（電圧）を生じる．基本的には，ボルタ電池，ダニエル電池などの化学電池の作動原理と同じである．ガラス薄膜で仕切られる溶液の1つを検液，もう1つを固定された条件の溶液にしておくと，電位差は検査したい水溶液のH^+濃度$[H^+]$に依存する値となる．この電位差をセンサー／電気回路で読み取り，$[H^+]$，延いては pH の値を表示するのが pH メーターである．この実験でも pH メーターを使用するが，詳しい作動の仕組みに興味がある場合は実験室に備えられている pH メーターの取り扱い説明書を参照，学習することを勧める．

4.5 中和反応，中和反応の式，滴定曲線，指示薬

酸性の水溶液と塩基性の水溶液を混合したとき，溶けている酸と塩基が中和反応をする．たとえば，塩酸と水酸化ナトリウム水溶液を混合すると，

$$HCl + NaOH \longrightarrow NaCl + H_2O$$

の化学変化が起こる．HCl と NaOH が，同じ物質量（モル）で反応したとすれば，反応後は NaCl 水溶液となる．NaCl 水溶液は中性であるので，反応前の酸性，塩基性はたがいに打ち消され合ったことになる．このような現象を中和あるいは中和反応と呼んでいる．この中和反応を，さらに詳細にみてみよう．

前に述べたように，酸，塩基は水溶液中で電離している．

$$HCl \longrightarrow H^+ + Cl^-$$
$$NaOH \longrightarrow Na^+ + OH^-$$

この2つを混合するので，

$$Na^+ + Cl^- \longrightarrow NaCl$$
$$H^+ + OH^- \longrightarrow H_2O$$

酸と塩基の基本的性質は，それぞれ，H^+，OH^- を水溶液中で放出することであったアレニウスの定義を思い出せば，中和反応の本質は，

$$H^+ + OH^- \longrightarrow H_2O$$

という反応であることがわかる．

次に中和反応の量的な関係を考えてみよう．1 mol/L の塩酸 100 mL を，中和するのに必要な 1 mol/L の水酸化ナトリウム水溶液の体積は，同体積の 100 mL である．同じ塩酸を，濃度が2倍の 2 mol/L の水酸化ナトリウム水溶液で中和するときは半分の体積 50 mL でよい．ここのことは HCl と NaOH の物質量（モル）が 1：1 で，中和反応が定量的に過不足なく起こるということからきている．

別の場合として，1 mol/L 硫酸水溶液 100 mL を中和するのに必要な 1 mol/L の水酸化ナトリウム水溶液の体積を考えてみよう．硫酸は2価の酸であるため，硫酸水溶液中での H^+ 濃度は，同じモル濃度の塩酸の場合の2倍となる．したがって，中和に必要な 1 mol/L の水酸化ナトリウム水溶液の体積も2倍の 200 mL となる．

以上をまとめると，中和反応の量的関係は一般的に次のようにいうことができる．

中和反応の量的関係

n_A 価の酸の c_A mol/L 水溶液の V_A mL を，ちょうど中和するのが n_B 価の塩基の c_B mol/L 水溶液の V_B mL であったとき，以下の式が必ず成立する．

$$n_A \times c_A \times V_A = n_B \times c_B \times V_B$$

（酸の価数）×（酸の濃度）×（酸溶液の体積）＝（塩基の価数）×（塩基の濃度）×（塩基溶液の体積）

なお，上の式において，酸，塩基を，それぞれ A, B を使って区別したが，これは Acid（酸），Base（塩基）の英語に由来する．

この量的関係式は，酢酸水溶液と水酸化ナトリウム水溶液の中和反応においても成立することに注意しておこう．「弱酸である酢酸水溶液（濃度 c mol/L）の $[H^+]$ は，電離度 α を c を掛けたもの（$c\alpha$）であったはずだ．$\alpha \ll 1$ であるのだから，上の量的関係式は成り立たないのではないか」，と誤解する初学者は多い．

これは，次のように考えればよい．確かに c mol/L の酢酸水溶液中では，$[H^+] = c\alpha$ である．ここに少量ずつ NaOH 水溶液を加えていったとき，H^+ は中和反応によって消費されるが，その一方で消費分を補うべく中性の CH_3COOH が電離するのである．補いのための供給は中性の酢酸がすべて電離してしまうまで続く．この補給は，化学平衡移動の法則（ルシャトリエの法則）と呼ばれる現象である．

中和反応の量的関係式を利用した定量分析法が，中和滴定である．濃度がわからない酸の水溶液があったとしよう（酸の種類はわかっている）．この未知濃度の酸水溶液の一定量を正確に取り，濃度と種類がわかっている塩基水溶液を少量ずつ加えていき，ちょうど中和するのに要した体積を実験値として測定する．その結果，中和反応の量的関係式において未知数なのは c_A だけであるので，酸水溶液のモル濃度の数値が決定できる．酸濃度を未知，塩基濃度を既知としたが，この関係は逆転してもかまわない．

実際の中和滴定の実験においては，中和完了のために必要な水溶液の体積の測定道具としてビューレットを用い，中和の完了した点（終点）を判定するためには指示薬を用いる．

中和滴定における，滴定される溶液の pH 変化は，どのようになるのだろうか．強酸，強塩基（ともに価数が1）とも濃度が c mol/L の水溶液，酸水溶液をはじめ V_1 mL 取り，これに塩基水溶液を V_2 mL 入れたときには，pH は次式より計算できる．

$V_1 > V_2$ では $[H^+] = \dfrac{V_1 - V_2}{V_1 + V_2} \times c$

$$pH = -\log\left(\frac{V_1 - V_2}{V_1 + V_2}\right) \times c$$

$V_1 = V_2$ では $[H^+] = [OH^-] = 10^{-7}$

$$pH = -\log 10^{-7} = 7$$

$V_1 < V_2$ では $[OH^-] = \dfrac{V_2 - V_1}{V_1 + V_2} \times c$

$$\mathrm{pH} = 14 + \log\left(\frac{V_2 - V_1}{V_1 + V_2}\right) \times c$$

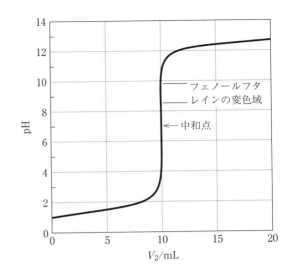

$c = 0.1\,\mathrm{mol/L}$, $V_1 = 10\,\mathrm{mL}$ として，pH と V_2 の関係をグラフにしたのが右図である．このようなグラフを中和滴定曲線という．

　中和点（当量点，終点ともいう）を判定するためには指示薬を用いることはすでに述べたが，強酸を強塩基で滴定するときの指示薬はフェノールフタレインという有機色素化合物である．

　フェノールフタレインは，pH 8.3 以下では無色，pH 8.3〜10.0 で変色（着色）し，10.0 以上では赤色となる．変色する pH 範囲のことを変色域という．中和滴定曲線をみるとわかるが，中和点付近で pH は 11 程度まで急激に上昇する．したがって，指示薬の変色域は pH 7 前後でなくとも，滴下量の誤差は極めて小さく，実用上問題ない．

　フェノールフタレイン以外にも，pH の値によって変色する色素化合物は多く存在する（次の表を参照）．これらは中和滴定の指示薬としても利用されている．

指　示　薬		酸　側	変色域 （pH）	塩基側
チモールブルー	thymol blue	赤	1.2〜2.3	黄
メチルオレンジ	methyl orange	赤	3.1〜4.4	黄
ブロモフェノールブルー	bromophenol blue	黄	3.3〜4.5	青
メチルレッド	methyl red	赤	4.2〜6.3	黄
クロロフェノールレッド	chlorophenol red	黄	4.8〜6.4	赤
ブロモクレゾールパープル	bromocresol purple	黄	5.2〜6.8	紫
ブロモチモールブルー	bromothymol blue	黄	6.0〜7.6	青
ニュートラルレッド	neutural red	赤	6.8〜8.0	黄
フェノールレッド	phenol red	黄	6.8〜8.4	赤
クレゾールレッド	cresol red	黄	7.2〜8.8	赤
チモールブルー	thymol blue	黄	8.0〜9.6	紫
フェノールフタレイン	phenolphthalein	無	8.3〜10.0	赤
チモールフタレイン	thymolphthalein	無	9.2〜10.6	青

4.6 共 洗 い

　共洗い（ともあらい）は，これから使う溶液で実験器具を洗う実験操作のことである．溶液をある容器から別の容器に移し替える際に，濃度を変化させたくない場合に共洗いが必要となる．

　ただし，化学分析では，すべて分析容器を共洗いしなければならないわけではなく，共洗いをしていけない場合もある．それぞれの操作の意味によって共洗いの必要性を判断する．次の実験操作を例に，共洗い必要な器具，してはならない器具を考える．

　「タンクに入っている水溶液を，ビーカーにとってきて，それを 10 mL のホールピペットと 100 mL のメスフラスコを用いて正確に水で 10 倍に薄めた溶液を調製する」

ビーカー：共洗いが必要である．共洗いをせず，水が付いたまま溶液を入れると薄まって，濃度が不正確になる．

ホールピペット：共洗いが必要である．理由はビーカーの場合と同様．

メスフラスコ：共洗いしていけない．水洗いして使う．メスフラスコの内側に水は残っていても問題ない．メスフラスコは標線まで液体を入れたとき，液体の体積が正確に決められた体積（たとえば 100 mL）となる器具である．したがって，正確な体積としてとった液体 A を，メスフラスコ内で水で薄めることになる．共洗いをしてしまうと，これから入れる溶液が先に入ってしまい，正確に 10 mL をホールピペットでとる意味が失われてしまう．

　以上の例を参考に，実験において共洗いが必要か，してはならないかよく考えながら，それぞれの操作を行うことが重要である．

4.7 実　　験

　実験に先立って，pH メーターの校正を行う．校正終了後は，いかなるボタンも押してはならない．また，共洗いが必要な器具に注意すること．

実験 4-1　強酸と強塩基の濃度と pH
実験操作

（1）　50 mL ビーカーを，塩酸標準溶液（0.1000 mol/L）の表示のあるタンクの塩酸で共洗いする（数 mL ずつ，最低 2 回洗う．洗浄液は廃液入れに捨てる）．その後，50 mL ビーカーに，塩酸標準溶液を約 50 mL とってくる．これを塩酸 A とする．

（2）　塩酸 A でホールピペットを共洗いする（約 1 mL を使い，最低 2 回）．その後，ホールピペットで 10 mL の塩酸 A をとり，100 mL のメスフラスコに入れ，正確に 10 倍に薄める．これを塩酸 B とする．

　（薄める手順；メスフラスコの標線の約 1 cm 下までは，洗浄ビンの蒸留水を手早加える．その後は蒸留水を，パスツールピペットを用い

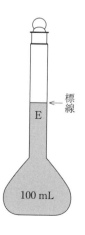

標線

E

100 mL

て少量ずつ加えていき，メニスカスを見ながら，慎重に標線合わせをする．メスフラスコに栓をして，栓を指で抑えながら上下を逆にし，また戻す運動を約10回して均一濃度となるように混ぜる．）

メニスカス

縦に置いた細いガラス管に水溶液を入れると，ガラスと水溶液の間に働く表面張力のため，右図のように液面が湾曲する．この湾曲をメニスカスという．液面の目盛としては，メニスカスの底の位置（右図の破線）を読む．

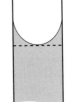

（3）50 mL ポリビーカーを少量の塩酸 A で共洗いしてから，塩酸 A を pH 電極の測定部が浸かるぐらいの量（約 30 mL）をとる．校正済みの pH メーターで，50 mL ポリビーカーに入れた塩酸 A の pH を測定し，pH 値をレポート用紙の**表1に記録する**．塩酸 B についても，共洗いと pH の測定を行う．（pH メーターの電極を測定検液に入れる前には，洗浄ビンの蒸留水により電極部分をよく水洗いし，水滴をティッシュペーパーでふき取る．電極は壊れやすいので，ふき取り操作では電極に力を加えないよう注意すること．）

（4）100 mL ビーカーを濃度未定の水酸化ナトリウム水溶液（0.1 mol/L ぐらいということだけはわかっている）のタンクの溶液で共洗いする（最低2回）．その後，100 mL ビーカーに，タンクの水酸化ナトリウム水溶液を約 100 mL とってくる．これを水酸化ナトリウム水溶液 A とする．

（5）水酸化ナトリウム水溶液 A でホールピペットを共洗いする（1 mL 程度ずつ，最低2回）．その後，10 mL の水酸化ナトリウム水溶液 A を，ホールピペットでとり 100 mL のメスフラスコに入れ，正確に10倍に薄める．これを水酸化ナトリウム水溶液 B とする．

（6）50 mL ポリビーカーを少量の水酸化ナトリウム水溶液 A で共洗いしてから，測定に必要な量の水酸化ナトリウム水溶液 A を採り，pH メーターで pH を測定し，pH 値をレポート用紙の**表2に記録する**．水酸化ナトリウム水溶液 B についても，共洗いと pH の測定を行う．

（7）タンクからとってきた塩酸 A と水酸化ナトリウム水溶液 A は残して，後の実験で用いる．それ以外の溶液は廃液として捨て，使った器具を水で洗浄する．

課題1 レポート用紙の表1に，測定値および計算値を記入せよ．ただし，塩酸は1価

表1

	薄め率から計算したモル濃度（mol/L）	左欄のモル濃度から計算した pH	測定した pH（pH メーターの値）
塩酸 A	0.1000		
塩酸 B			

の強酸であり，pH の計算では pH $= -\log_{10}[\mathrm{H^+}]$ が成り立つとする．塩酸濃度からの $[\mathrm{H^+}]$ の算出の考え方は，前述の「解説」も参考にせよ．

課題2　表1で2つの pH（計算値と測定値）は一致したか．違いがあったときは，なぜそうなったのか，考えられる理由を書け．

実験4-2　**中和滴定による濃度の定量**

水酸化ナトリウム水溶液 A と塩酸 A の中和反応を用いて，水酸化ナトリウム水溶液の正確な濃度を決定する．

［ここから後ろの説明では，共洗いの操作が省略されているので注意して実験を行うこと］

実験操作

（1）　ビューレットのコックを閉めた状態で，水酸化ナトリウム水溶液 A を最上部の目盛を越えない程度まで入れる．その後，コックを開いて溶液を少し流し，ビューレット下部の空気を抜く．

（2）　塩酸 A を 10 mL のホールピペットで，200 mL のコニカルビーカーにとる．洗浄瓶の水で，コニカルビーカー内側面に付いた塩酸を流し落とす．［注：この場合のコニカルビーカーは共洗いしてはいけない．］

（3）　コニカルビーカーに指示薬としてフェノールフタレインを3滴加える．

（4）　中和滴定前のビューレットの値を読み取り，レポート用紙に記録する．値は最小目盛の10分の1の 0.01 mL の桁まで目分量で読むこと．

（5）　ビューレットより，水酸化ナトリウム水溶液 A を滴下し，中和滴定を行う．滴下するごとにコニカルビーカーを振って，溶液を混ぜること．フェノールフタレインが着色したときが中和点である．中和点でのビューレットの値をレポート用紙に記録する（0.01 mL の桁まで）．なお，中和点と予想される滴下量に近づいたら，一度に滴下する水酸化ナトリウム水溶液 A を 1，2滴ずつに調整すること．

（6）　滴定前後のビューレットの値の差から，水酸化ナトリウム水溶液 A の滴下量を計算せよ．

　　（6）までの操作が1回終了したら，コニカルビーカー内の溶液を捨て，蒸留水で洗浄する．その後，操作（2）〜（6）をもう一度行う．課題3の計算には2回の滴下量の平均値を用いる．

　　実験4-2 が終了したら，ビューレットに，水酸化ナトリウム水溶液 A を最上部の目盛を越えない程度追加しておく（これは実験4-4で使用する）．その後，残った溶液を捨て，器具を水で洗浄する．

課題3　中和点までの滴下量（10 mL の塩酸 A の中和に使った水酸化ナトリウム水溶液 A の体積）から，水酸化ナトリウム水溶液 A のモル濃度を計算せよ．計算過程も記す

こと．2回の中和滴定における滴下量の平均値を使う．滴下量からモル濃度を計算するには，前述の解説にある「中和反応の量的関係」の式を参考にせよ．

課題4 レポート用紙の表2について，水酸化ナトリウム水溶液Aのモル濃度は［課題3］の値を記入せよ．水酸化ナトリウム水溶液Bのモル濃度は溶液Aの値および薄め率から計算した値を記入せよ．また，その他の測定値および計算値も記入せよ．

ただし，pHの計算においては，水酸化ナトリウム水溶液の電離度 α は1.00（つまり100％）であるとし，pH $= -\log_{10}[\mathrm{H}^+]$ または pH $= 14 + \log_{10}[\mathrm{OH}^-]$ が成り立つとする．

表2

	中和滴定の結果および薄め率から計算したモル濃度 (mol/L)	左欄のモル濃度から計算した pH	測定した pH (pH メーターの値)
水酸化ナトリウム水溶液 A			
水酸化ナトリウム水溶液 B			

課題5 表2で2つのpH（計算値と測定値）は一致したか．違いがあったときは，なぜそうなったのか，考えられる理由を書け．

実験4-3 弱酸の濃度，電離度，pH

代表的な弱酸である酢酸水溶液を調製して，モル濃度，電離度，pHの関係を，実験を通して理解する．

実験操作

（1）純粋な酢酸（液体）3.00 g を，電子天秤で量りとる．量りとるときの容器は50 mL のメスフラスコとする．（メスフラスコを電子天秤にのせて，純粋な酢酸をパスツールピペットで，こぼさないよう慎重に入れること．3.00 g より多少小さい，あるいは大きい値となってもよいが，その値の記録を忘れないこと．）

（2）水を加えて全量を正確に 50 mL とする．これを酢酸水溶液 A とする．

（3）酢酸水溶液 A の 10 mL を，ホールピペットでとり 100 mL のメスフラスコに入れ，正確に 10 倍に薄める．これを酢酸水溶液 B とする．

（4）校正済みの pH メーターにより，酢酸水溶液 A の pH を測定し，記録する．酢酸Bについて，同様に pH を測定，記録する．

課題6 酢酸水溶液 A のモル濃度を求めよ．計算過程，説明も詳しく記すこと．酢酸（CH_3COOH）の分子量の計算には，H：1.0，C：12.0，O：16.0の原子量を用いよ．

課題7 レポート用紙の表3に測定値または計算値を記入せよ．ただし，計算においては，酢酸水溶液の電離度はαであるとし，$\alpha = \sqrt{\dfrac{K_a}{c}}$，$pH = -\log_{10}[H^+]$が成り立つとする．$K_a$は酢酸の電離定数であり，ここでは$K_a = 1.75 \times 10^{-5}\,mol/L$の定数値である．$c$は酢酸の調整時でのモル濃度である．

表3

	課題6および薄め率から計算したモル濃度(mol/L)	モル濃度と電離定数から計算した電離度	モル濃度，電離度から計算したpH	測定したpH(pHメーターの値)
酢酸水溶液A				
酢酸水溶液B				

実験4-4 **食酢中の酢酸の濃度の測定（応用）**

（1） 食酢（市販品）を正確に10倍に薄めた試料水溶液が準備されているので，50 mL ビーカーにとってくる（30 mL 程度）．

（2） 試料水溶液を，ホールピペットを用いて正確に10 mLを200 mLコニカルビーカーにとる．洗浄瓶の水で，コニカルビーカー内側面に付いた試料水溶液を流し落とす．

（3） ビューレット中の水酸化ナトリウム水溶液Aで，中和滴定を行う．指示薬はフェノールフタレインを3滴使う．

（4） 上の操作（2），（3）をもう一度繰り返し，平均値をとる．

課題8 2回の中和滴定の滴下量の平均値を用いて，市販品の食酢中の酢酸のモル濃度(mol/L)を計算せよ．また，そのモル濃度の値を使って，質量パーセント濃度(%)も計算せよ．ただし，市販の食酢の密度は$1.00\,g/cm^3$であるとする．

〈ヒント〉

$$質量パーセント濃度 = \frac{食酢1\,Lに含まれる酢酸の質量}{食酢1\,Lの質量} \times 100\,(\%)$$

また，$1\,mL = 1\,cm^3$なので，$1\,L = 1000\,cm^3$である．

テーマ5　水の電気分解と燃料電池

目　的

　水の電気分解と燃料電池の実験を行い，電気化学反応の基礎について学ぶ．

5.1　解　説
（1）　電気分解とファラデーの法則

　外部から強制的に電気エネルギーを与えて，酸化還元反応を起こすことを「電気分解」という．電気分解では，ふつうには起こりにくい酸化還元反応を起こすことができるため，工業的にも重要な技術として利用されている．電気分解の装置では，直流電源の正極につないだ電極を陽極，負極につないだ電極を陰極と呼ぶ．

　例として，塩化銅（II）水溶液（$CuCl_2$ 水溶液）を，炭素電極を用いて，電気分解した場合を示す．この電気分解では，電極の表面で次の反応が起こる．

$$陰極：Cu^{2+} + 2e^- \longrightarrow Cu$$

$$陽極：2Cl^- \longrightarrow Cl_2 + 2e^-$$

電子 e^- 2 mol に相当する電気量を流したとすると，陰極では銅イオン Cu^{2+} 1 mol が電子 e^- 2 mol を受け取って，金属の銅 Cu 1 mol が析出し，陽極では塩化物イオン Cl^- 2 mol が電子 e^- 2 mol を放出し，Cl_2 1 mol が発生する．もし，電気量を倍にして，電子 e^- 4 mol に相当する電気量を流せば，生成する Cu と Cl_2 の物質量もそれぞれ倍になる．このように，電気分解において電気量と物質量の間には，一定の法則があり，「ファラデーの電気分解の法則」と呼ばれている．この法則は，次のように表すことができる．

　　　　「陰極または陽極で変化する物質の量は，流した電気量に比例する．」

　また，電子1個がもつ電気量は，1.602×10^{-19} C（C：クーロンは電気量の単位）なので，電子 1 mol のもつ電気量は，アボガドロ数倍して，9.65×10^4 C である．これをファラデー定数という．

　1 C は，1 A（A：アンペアは電流の単位）の電流が1秒間に流れたときに運ばれる電気量である．一定量の電流を一定時間流したときの電気量は，次式で計算される．

$$電気量 [C] = 電流 [A] \times 時間 [s]$$

　また，テーマ5で行う水酸化ナトリウム水溶液を用いた"水の電気分解"では，2本の電極表面で次の2つの反応がそれぞれ起こる．

$$2H_2O + 2e^- \longrightarrow H_2 + 2OH^-$$

$$2OH^- \longrightarrow \frac{1}{2}O_2 + H_2O + 2e^-$$

反応式に書かれているように，水の電気分解では水素（H_2）と酸素（O_2）が生成する．同温・同圧力の条件下では，気体の種類に関係なく，気体の体積と物質量は比例関係にあるので，生成する水素と酸素の体積比から，それぞれの物質量の比も明らかになる．また，テーマ2でも使った気体の状態方程式（$PV = nRT$）を用いれば，体積から生成した気体の物質量を求めることも可能である．

　なお，上記の電気化学反応が，陰極，陽極のどちらで起き，どちらの電極から水素や酸素が発生するのかは，各自が実際に実験で確認してもらいたい．

（2） 燃料電池

　化学電池は，酸化還元反応にともなって放出されるエネルギーを，電気エネルギーとして取り出す装置である．近年，クリーンエネルギーとして注目されている「燃料電池」も化学電池の一種である．燃料電池は，負極活性物質に燃料となる物質，正極活性物質に酸素（O_2）をもちいて，酸化還元反応のエネルギーを電気エネルギーとして取り出す．負極活性物質として，水素（H_2）を用いたものが一般的によく知られている．実用的な燃料電池の電極には，高い触媒作用をもつ白金やパラジウムを含むものが用いられているが，ニッケル電極や炭素電極などもエネルギー変換効率は低いものの，実験室レベルの燃料電池の実験には利用可能である．

　なお，水素を負極活性物質とし，電解質として水酸化物を用いた燃料電池では，放電する際に電極表面で起きる反応は，水の電気分解の逆反応となっている．

5.2 実　　　験
〈実験上の注意〉

　水酸化ナトリウムは劇物であり，固体および溶液が皮膚に付くと荒れる可能性がある．水酸化ナトリウムに触れる可能性がある作業は，ビニール手袋をして行うこと．また，目に入ると目を傷める可能性があるので，実験ゴーグルを必ず装着すること．万が一，手や目に付いた場合は，教員の指示に従い，よく洗浄すること．

実験準備

（1）　100 mL ビーカーに，5 g の水酸化ナトリウム（NaOH）を電子天秤で量りとる．ビーカーの 100 mL の標線まで蒸留水を入れ，ガラス棒でかき混ぜ溶かし，水酸化ナトリウム水溶液とする．

（2）　電気分解装置を組み立てる（実験室に完成状態の見本がある）．なお，H 管の下部に取り付けるニッケル電極のゴム栓はまっすぐ，しっかりと差し込むこと（後で液漏れする可能性がある）．

（3）　電気分解装置のニッケル電極と直流安定化電源の出力端子をミノ虫クリップ付電線で配線する．この際，赤色の電線を安定化電源装置の＋の端子に，黒色の電線は－

の端子に接続する．

（4）　水酸化ナトリウム水溶液を，電気分解装置のロートから入れる．このとき，H 管の目盛の 0.0〜2.0 mL の間に液面が来るようにする（60〜80 mL 入れればよい．100 mL 全部入れると重みでニッケル電極が抜ける可能性があるので注意．液面の高さはロートの高さを変えることで調節できる）．

実験 5-1　水の電気分解で発生する気体と電極の関係

水を電気分解すると，2 本の電極表面から水素（H_2）または酸素（O_2）がそれぞれ発生することが知られている．この実験では，陽極，陰極から発生している気体を，水素の燃焼反応を利用して判別する．

（1）　電気分解装置の H 管の上部両方に，ガラス管付きのゴム栓をつける．

（2）　両方のガラス管に試験管を下向きにしてかぶせる．

（3）　直流安定化電源の電流値を約 0.4 A に設定する（設定の仕方は備え付けの説明書を見よ）．

（4）　約 5 分間電気分解する（直流安定化電源の OUTPUT スイッチをオンにしてスタート）．このとき，ニッケル電極から発生した水素（H_2）は空気よりの軽いので，H 管から出て，下向きの試験管内にたまる．一方，酸素（O_2）は空気より重いので試験管から漏れる．

（5）　電気分解の時間が 5 分経過したら，マッチに火をつける．左右どちらか一方の試験管を下向きのまま静かに外し，その試験管の口の中にマッチの火を入れるようにする．試験管の中の気体が水素ならば「ヒュ！」という音をたてて，瞬間的に燃焼するはずである（水素は可燃性）．もう一方の試験管についても，同様に試験管内の気体に，マッチの火を近づけてみよ．

（6）　レポート用紙に，陽極と陰極のどちらで水素（H_2）が発生していたのか，記入せよ．また，消去法から酸素（O_2）が発生する電極も決まるので，それも記入せよ．

（7）　直流安定化電源の OUTPUT スイッチをオフにし，電流を止める．

※補足：テーマ 5 では行わないが，酸素が発生する電極側のガラス管にゴム管を接続すれば，酸素を水上置換法で集めることができる（テーマ 2 と同じ方法）．集めた気体に火のついたマッチや線香を入れると激しく燃えるので（助燃性），その気体が酸素だと確認できる．

実験 5-2　電気分解時の電流と発生する気体の体積の関係

電気分解を行う時間を一定にした場合に，発生する気体の体積と電流の値との関係がどうなっているか，実験により明らかにする．

（1）　H 管の上部に付ける栓を，穴の開いていない普通のゴム栓に交換する．ゴム栓を挿す前に，ゴム栓と H 管内側の水分をキムワイプで拭きとる（実験途中でゴム栓が抜

けるのを防ぐため）．ゴム栓は2つ同時に挿す（片方ずつだと，反対側から液漏れすることがある）．

（2）　ゴム栓をした状態で，両方の電極側について，電気分解前の液面の位置（mL単位）を，小数点第1位までレポート用紙に記録せよ（液面上部に少し空気が入っていてもよい）．

（3）　直流安定化電源の電流値を約0.4 Aにセットする．

（4）　電気分解を3分間行う（時間はストップウォッチで測定し，時間の誤差は10秒以内にする）．この際，正確な電流値を小数第2位までレポート用紙に記録せよ．

（5）　3分経過したら，電流を止める（直流安定化電源のOUTPUTスイッチをオフにする）．

（6）　溶液中と液面上部の泡がほぼなくなるのを待って（電極表面には残っていてもよい），陽極，陰極両方について液面の目盛を記録せよ．実験後と実験前の目盛の差から，発生した気体の体積を求めよ．

（7）　H管上部のゴム栓を2つ同時に外し，たまった気体を抜く．以後，同様の実験を，電流値が約0.3，0.2，0.1 Aの場合について行え（全4回）．

［グラフの作成：次の実験に進む前に行うこと］

横軸に電流（A），縦軸に発生した気体の体積（mL）をとって，グラフを描け（グラフの大きさはレポート裏面に貼り付け可能なサイズにせよ）．1つのグラフに水素（H_2）と酸素（O_2）のグラフを記入せよ．水素と酸素のそれぞれの測定点（各4点）のほぼ真ん中と原点（ゼロ）を通る直線を記入せよ．完成したグラフは，教員にチェックしてもらい，許可をもらったら実験5-3に進んでよい．

実験 5-3　電気分解の時間と発生する気体の体積の関係

電流の値を一定にして電気分解を行った場合に，発生する気体の体積と電気分解の時間との関係がどうなっているか，実験により明らかにする．

（1）　H管の上部に付ける栓は，実験5-2に引き続き穴の開いていないゴム栓を使用する．

（2）　直流安定化電源の電流値を約0.1 Aにセットする．

（3）　ゴム栓をした状態で，両方の電極側について，電気分解前の液面の位置を，小数第1位までレポート用紙に記録せよ（液面上部に少し空気が入っていてもよい）．

（4）　3分間電気分解を行う．時間はストップウォッチで測定し，電気分解した正確な時間を秒単位で記録せよ．

（5）　電流を止める．溶液中と液面上部の泡がほぼなくなるのを待って（電極表面には残っていてもよい），陽極，陰極両方について液面の目盛を記録せよ．実験後と実験前の目盛の差から，発生した気体の体積を求めよ．

（6）　H管上部のゴム栓を2つ同時に外し，たまった気体を抜く．以後，同様の実験を，

電気分解の時間が6, 9, 12分の場合について行え（全4回）.

[グラフの作成：次の実験の前に進む前に行うこと]

横軸に電気分解の時間（s），縦軸に発生した気体の体積（mL）をとって，グラフを描け（グラフの大きさはレポート裏面に貼り付け可能なサイズにせよ）. 1つのグラフに水素（H_2）と酸素（O_2）のグラフを記入せよ. 水素と酸素のそれぞれの測定点（各4点）のほぼ真ん中と原点（ゼロ）を通る直線を記入せよ. 完成したグラフは，教員にチェックしてもらい，許可をもらったら実験5-4に進んでよい.

実験5-4 燃料電池

電気分解で生成した水素と酸素が化学反応し，水に戻る際に電気が発生することを実験で確認すると同時に，電気分解時の電極と燃料電池の電極の関係を明らかにする.

（1） 燃料電池の燃料である水素（H_2）と酸素（O_2）を作るために，電気分解を行う. 電流値を約0.1 Aに設定し，3分間の電気分解を行う.

（2） 電流を止め，直流安定化電源の電極につながっていた電線のクリップを外し，電気分解時の陽極に接続されたクリップを電子オルゴールの＋極（赤）の金属部に，陰極を－極（黒）の金属部に接続する. 電子オルゴールが鳴ったかをレポート用紙に記録せよ.

（3） もう一度，電気分解し，リード線の接続を先ほどと変えて，電子オルゴールが鳴るか調べよ.

片づけ

必ず，手袋とゴーグルを装着して行うこと！ 電気分解装置のゴム栓を外し，ロートから水酸化ナトリウム水溶液を，専用の廃棄容器に捨てる. 電気分解装置を分解し，H管，ロート，ゴム栓，ニッケル電極を水道水と蒸留水ですすいで，バットに戻しておくこと. 器具チェック終了後，レポート用紙に教員のサインをもらったら，退室してよい.

報告事項

（1） 自分が行った実験5-2および5-3の結果をもとに，水を構成する水素原子と酸素原子の数の比を，最も簡単な整数比で示せ. また，その理由を実験結果と関連付けて書け（30字以上書くこと）.

（2） 実験5-2と実験5-3のそれぞれ結果について，ファラデーの電気分解の法則（5.1解説を参照）が成立しているか，成立していないか，答えよ. また，そう答えた理由をそれぞれ説明せよ（ヒント：「電流値」や「時間」だけではなく，「電気量」と「物質量」のキーワードも用いる必要がある）.

（3） 実験5-4では，水の電気分解で生じた水素と酸素が燃料となって，それらが水に戻る際に電気が発生している. 電気分解時に陽極および陰極だった電極は，燃料電池

の正極，負極のどちらにそれぞれ対応しているか答えよ．また，燃料電池が放電している際に，正極と負極それぞれで起きている電気化学反応を反応式で記せ．

基礎工学実験

2015 年 3 月 20 日　第 1 版　第 1 刷　発行
2024 年 2 月 20 日　第 1 版　第 10 刷　発行

編　　者　　大同大学物理学教室・化学教室
発 行 者　　発 田 和 子
発 行 所　　株式会社 学術図書出版社
〒 113-0033　東京都文京区本郷 5-4-6
TEL 03-3811-0889　振替 00110-4-28454
印刷　中央印刷(株)

ISBN 978-4-7806-1058-1

実験題目

実験レポート提出者	番号		氏名			
共同実験者	番号		氏名			
	番号		氏名			班
実験日	月　日	気温　　　℃	天候	気圧　　　hPa	湿度　　　％	

実験の目的 ----------

実験器具 ----------

原理および実験方法 ----------

測定記録，計算，結果　--------

考察および演習 --------

実験題目

実験レポート提出者	番号		氏名		
共同実験者	番号		氏名		
	番号		氏名		班
実験日 月 日	気温 ℃	天候		気圧 hPa	湿度 %

実験の目的　--------

実験器具　--------

原理および実験方法　--------

測定記録，計算，結果 ---------

考察および演習 --------

実験題目

実験レポート提出者		番号		氏名			
共同実験者		番号		氏名			
		番号		氏名			班
実験日	月　　日	気温	℃	天候	気圧　　hPa	湿度	％

実験の目的 --------

実験器具 --------

原理および実験方法 --------

測定記録，計算，結果 - - - - - - - -

考察および演習 ·········

実験題目

実験レポート提出者		番号	氏名		
共同実験者		番号	氏名		
		番号	氏名		班
実験日	月 日	気温 ℃	天候	気圧 hPa	湿度 %

実験の目的 ----------

実験器具 ----------

原理および実験方法 ----------

1

測定記録，計算，結果 --------

考察および演習 --------

実験題目

実験レポート提出者		番号		氏名			班
共同実験者		番号		氏名			
		番号		氏名			
実験日	月 日	気温 ℃	天候		気圧 hPa	湿度	%

実験の目的 ----------

実験器具 ----------

原理および実験方法 ----------

測定記録，計算，結果 ----------

考察および演習　--------

［演習］ 有効数字を考慮した計算

学籍番号＿＿＿＿＿＿＿＿＿＿　氏名＿＿＿＿＿＿＿＿＿＿＿＿＿＿＿

有効数字を考慮して，次の計算を行え．単位も付けて答えること．π は円周率である．関数電卓の値を使え（参考：$\pi = 3.141592653\cdots$）．

（1）　123.4 mm＋5.43 mm ＝

（2）　9.876 kg－3.45 kg ＝

（3）　8.76 mA－5.76 mA ＝

（4）　6.2 cm×1.01 cm ＝

（5）　8.64 m÷4.32 s ＝

（6）　$3.33×10^4$ g＋$2.6×10^2$ g ＝

（7）　電子 1 mol の電気量　$1.6×10^{-19}$ C×$6.02×10^{23}$ 個 ＝

※ ［C］（クーロン）は電気量の単位．［個］は無次元の単位（＝［1］）

（8）　$\dfrac{3.0×10^{-4}\,\text{g}}{2.0×10^{-3}\,\text{cm}^3}$ ＝

（9）　1 辺 1.1 m の正方形の面積　$(1.1\,\text{m})^2$ ＝

（10）　半径 1.001 m の円周の長さ　$2×\pi×1.001$ m ＝

※円周長 $2\pi r$ の整数 2 や π などの数には誤差はない．有効数字無限桁と考える．

実験 1-1　実験操作は，テキストに即し，かつ自ら行った実験に基づき簡潔に記すこと．

実験結果は，実験中にとったメモをもとにして詳しく記すこと．

化学反応式は，授業中に提示された資料を参考にして，記すこと．

①
実験操作
　　　　　　　　　　　　実験結果　　　　　　　　　　　　　　　　　　　　化学反応式

②
実験操作
　　　　　　　　　　　　実験結果　　　　　　　　　　　　　　　　　　　　化学反応式

③
実験操作
　　　　　　　　　　　　実験結果　　　　　　　　　　　　　　　　　　　　化学反応式

④
実験操作
　　　　　　　　　　　　実験結果　　　　　　　　　　　　　　　　　　　　化学反応式

⑤
実験操作

実験結果	化学反応式

⑥
実験操作

実験結果	化学反応式

実験 1-2

未知試料検液の記号	
含まれていた陽イオンは？	

判定理由（実験結果に基づき詳しく記すこと）

実験後の感想

担当者

実験日
学籍番号
氏名

実験 2-1

表1

	$A[\mathrm{g}]$	$B[\mathrm{g}]$	$C[\mathrm{g}]$	$D[\mathrm{g}]$	$E[\mathrm{g}]$	$F[\mathrm{g}]$	$G[\%]$
1回目							
2回目							
3回目							
4回目							

ここへグラフをのりづけ

今日の条件

温度	℃	気圧	hPa
	K $(= T)$		kPa $(= P)$

表 2

	$B[\mathrm{g}]$	$F[\mathrm{g}]$	$H[\mathrm{mL}]$	$n[\mathrm{mol}]$	$W[\mathrm{g}]$	$G[\%]$
1 回目						
2 回目						
3 回目						
4 回目						

ここへグラフをのりづけ

報告事項（1） F は何を示しているか説明せよ．

報告事項（2） 実験 2-1，実験 2-2 のグラフに描いた 4 本の直線の傾きを求め，表 3 に記入せよ．

表 3

	F の直線の傾き	E または W の直線の傾き	2 つの傾きの比
実験 2-1	F	E	E/F
実験 2-2	F	W	W/F

報告事項（3） 表 3 からわかることを考察せよ．

実験後の感想

担当者

テーマ3　鉄の酸化還元反応

実験3-1　**課題1**　反応の観察結果をできるだけ詳しく表に記せ.

表1	$[Fe^{II}(CN)_6]^{4-}$	$[Fe^{III}(CN)_6]^{3-}$
Fe^{2+}		
Fe^{3+}		

課題2　自分の実験で確認した多量の濃青色沈殿を生じるイオンの組み合わせ.

Fe^{2+} と

Fe^{3+} と

※この実験結果は実験3-2, 実験3-3とも関連するので, それぞれの考察のヒントにすること.

実験3-2　**課題3**　スポットのスケッチと観察記録(色も使って書く)

スポットE			スポットF		
経過時間/分	スケッチ	観察記録	経過時間/分	スケッチ	観察記録
分			分		
分			分		

スポットG1			スポットG2		
経過時間/分	スケッチ	観察記録	経過時間/分	スケッチ	観察記録
分			分		
分			分		
分			分		

スポットで起こる化学反応式

①鉄板からの鉄の溶解の反応式

②フェノールフタレインがピンク色を呈する原因となる反応式

③スポット F と G2 の濃青色沈殿（ターンブル青またはプルシアン青のどちらか）

④酸化された物質　　　　　　　　　　　　還元された物質

実験 3-3

　　　　　　ハロゲンランプ　　　　　　　　　　　　　　日光
　　　　┌ ─ ─ ─ ─ ─ ─ ─ ─ ┐　　　　　　　　　┌ ─ ─ ─ ─ ─ ─ ─ ─ ┐
　　　　│　青写真を貼る　│　　　　　　　　　│　青写真を貼る　│
　　　　└ ─ ─ ─ ─ ─ ─ ─ ─ ┘　　　　　　　　　└ ─ ─ ─ ─ ─ ─ ─ ─ ┘

課題 5

課題 6　青写真ができる過程の化学反応式

$R-C-COO^- \longrightarrow R-C\cdot + \cdot COO^- \quad \cdots\cdots (1)$

$\cdot COO^- \longrightarrow CO_2 + e^- \quad \cdots\cdots (2)$

_____ $\cdots\cdots (3)$

実験後の感想

担当者 _____

テーマ4　酸と塩基，酸性と塩基性

※太枠で囲まれた部分は実験中に必ず記入しておくこと

課題1 　表1に測定値または計算値を記入せよ．

表1

	薄め率から計算したモル濃度（mol/L）	左欄のモル濃度から計算したpH	測定したpH（pHメーターの値）
塩酸A			
塩酸B			

課題2 　表1で2つのpH（計算値と測定値）は一致したか．　違いがあったときは，なぜそうなったのか，考えられる理由を書け．

課題3 　中和点までの滴下量から，水酸化ナトリウムの水溶液Aのモル濃度を計算せよ．
中和に使った水酸化ナトリウム水溶液Aの滴下量

　　　　　　　　　　　　1回目　　　　　　2回目
中和前のビューレットの値
中和後のビューレットの値
　　　　滴下量　　　　＿＿＿＿＿mL　　　　＿＿＿＿＿mL　⟹　滴下量の平均値　　＿＿＿＿＿mL

滴下量の平均値から水酸化ナトリウム水溶液のモル濃度を計算せよ．（単位も書く）
（計算過程）

　　　　　　　　　　　　　　　　　　　　　　　　　　　　モル濃度＿＿＿＿＿＿＿＿

課題4 　表2に測定値または計算値を記入せよ．

表2

	中和滴定の結果および薄め率から計算したモル濃度（mol/L）	左欄のモル濃度から計算したpH	測定したpH（pHメーターの値）
水酸化ナトリウム水溶液A			
水酸化ナトリウム水溶液B			

課題5 　表2で2つのpH（計算値と測定値）は一致したか．違いがあったときは，なぜそうなったのか，考えられる理由を書け．

課題6 酢酸 A のモル濃度を求めよ（単位も書く）．算出過程，説明もできるだけ詳しく記すこと．

量り取った純粋な酢酸の質量 ☐ g

（計算過程）

モル濃度 _____

課題7 表3に測定値または計算値を記入せよ．

表3

	課題6および薄め率から計算したモル濃度（mol/L）	モル濃度と電離定数から計算した電離度	モル濃度，電離度から計算した pH	測定した pH（pH メーターの値）
酢酸水溶液 A				
酢酸水溶液 B				

課題8 中和点までの滴下量から，食酢中の酢酸の濃度を計算せよ．

中和に使った水酸化ナトリウム水溶液 A の滴下量

　　　　　　　　　1回目　　　　　　2回目

中和前のビューレットの値 ☐ ☐

中和後のビューレットの値

　滴下量　　_____ mL　　_____ mL　⟹　滴下量の平均値　_____ mL

食酢のモル濃度（準備された試料水溶液はすでに 10 倍に薄められていることに注意して計算せよ）
（計算過程）

モル濃度 _____

食酢の質量パーセント濃度（直前に計算した食酢のモル濃度の値も用いる）
（計算過程）

質量パーセント濃度 _____

験後の感想

担当者 _____

テーマ5　水の電気分解と燃料電池

実験日
学籍番号
氏名

実験5-1

　　　　　　　　燃焼の有無　　　　発生した気体

陽極側の気体　　　　　　　⟹

陰極側の気体　　　　　　　⟹

実験5-2

表1

	電流（A）	陽極側の液面の目盛（mL）		発生気体の体積（mL）	陰極側の液面の目盛（mL）		発生気体の体積（mL）
		実験前	実験後		実験前	実験後	
1回目							
2回目							
3回目							
4回目							

実験5-3　　　この実験での電流値　[　　　　A　]

表2

	時間（s）	陽極側の液面の目盛（mL）		発生気体の体積（mL）	陰極側の液面の目盛（mL）		発生気体の体積（mL）
		実験前	実験後		実験前	実験後	
1回目	①						
2回目	②						
3回目	③						
4回目	④						

実験5-4

表3

	電気分解時の陽極	電気分解時の陰極	音の有無
電子オルゴールへの接続先	＋極（赤）	−極（黒）	
	−極（黒）	＋極（赤）	

報告事項（1）

　自分の実験結果から判明した水を構成する水素原子と酸素原子の比は　$\Longrightarrow$

　理由（自分の実験結果と関連付けて書け．30 字以上）

報告事項（2）

　実験 5-2 でファラデーの法則は成立…

　理由

　実験 5-3 でファラデーの法則は成立…

　理由

報告事項（3）

電極の関係　　電気分解時　　　　　燃料電池（正極または負極と記入）

　　　　　　　　陽極　　$\Longrightarrow$

　　　　　　　　陰極　　$\Longrightarrow$

燃料電池の電極反応の反応式

　　　正極：

　　　負極：

験後の感想

<u>担当者</u>

元素の周

	1							
	1	**2**						
1	₁H 1s¹ 水素 1.008							
2	₃Li 2s¹ リチウム 6.938	₄Be 2s² ベリリウム 9.012						
3	₁₁Na 3s¹ ナトリウム 22.99	₁₂Mg 3s² マグネシウム 24.30	**3**	**4**	**5**	**6**	**7**	**8**
4	₁₉K 4s¹ カリウム 39.10	₂₀Ca 4s² カルシウム 40.08	₂₁Sc 3d¹4s² スカンジウム 44.96	₂₂Ti 3d²4s² チタン 47.87	₂₃V 3d³4s² バナジウム 50.94	₂₄Cr 3d⁵4s¹ クロム 52.00	₂₅Mn 3d⁵4s² マンガン 54.94	₂₆Fe 3d⁶4s² 鉄 55.85
5	₃₇Rb 5s¹ ルビジウム 85.47	₃₈Sr 5s² ストロンチウム 87.62	₃₉Y 4d¹5s² イットリウム 88.91	₄₀Zr 4d²5s² ジルコニウム 91.22	₄₁Nb 4d⁴5s¹ ニオブ 92.91	₄₂Mo 4d⁵5s¹ モリブデン 95.95	₄₃Tc* 4d⁵5s² テクネチウム [99]	₄₄Ru 4d⁷5s¹ ルテニウム 101.1
6	₅₅Cs 6s¹ セシウム 132.9	₅₆Ba 6s² バリウム 137.3	ランタノイド	₇₂Hf 5d²6s² ハフニウム 178.5	₇₃Ta 5d³6s² タンタル 180.9	₇₄W 5d⁴6s² タングステン 183.8	₇₅Re 5d⁵6s² レニウム 186.2	₇₆Os 5d⁶6s² オスミウム 190.2
7	₈₇Fr* 7s¹ フランシウム [223]	₈₈Ra* 7s² ラジウム [226]	アクチノイド	₁₀₄Rf* 6d²7s² ラザホージウム [267]	₁₀₅Db* 6d³7s² ドブニウム [268]	₁₀₆Sg* 6d⁴7s² シーボーギウム [271]	₁₀₇Bh* 6d⁵7s² ボーリウム [272]	₁₀₈Hs* 6d⁶7s² ハッシウム [277]

原子番号

N A

外殻電子
元素名
原子量

注1　安定同位体の存在しない元素には元素記号の右肩に＊を
注2　天然で特定の同位体組成を示さない元素はもっともよく知ら

₅₇La 5d¹6s² ランタン 138.9	₅₈Ce 4f¹5d¹6s² セリウム 140.1	₅₉Pr 4f³6s² プラセオジム 140.9	₆₀Nd 4f⁴6s² ネオジム 144.2	₆₁Pm* 4f⁵6s² プロメチウム [145]
₈₉Ac* 6d¹7s² アクチニウム [227]	₉₀Th* 6d²7s² トリウム 232.0	₉₁Pa* 5f²6d¹7s² プロトアクチニウム 231.0	₉₂U* 5f³6d¹7s² ウラン 238.0	₉₃Np* 5f⁴6d¹7s² ネプツニウム [237]